高职高专国家示范性院校系列教材

印刷电路板设计与制作

主　编　颜晓河

副主编　董玲娇　王石磊　陈宣荣

参　编　吕　洋　郑巨上

西安电子科技大学出版社

内 容 简 介

本书按照印刷电路板的设计流程和制作方法，介绍了 Altium Designer 16 软件的各项功能和操作方法以及快速制板系统的使用方法。

全书共 9 章，内容包括 Altium Designer 的基础知识、电路原理图的设计、层次原理图的设计、电路原理图的后期处理、原理图元件库的创建与管理、印刷电路板的设计、印刷电路板的后期处理、元件封装库的创建与管理、印刷电路板的制作等。

本书结构清晰，内容简单，实用性强，可作为高职高专院校电子信息、自动化、机器人、电气控制类专业的教材，也可供读者自学时参考。

图书在版编目(CIP)数据

印刷电路板设计与制作 / 颜晓河主编. —西安：西安电子科技大学出版社，2019.2
(2023.4 重印)
ISBN 978-7-5606-5188-0

Ⅰ. ① 印… Ⅱ. ① 颜… Ⅲ. ① 印刷电路—计算机辅助设计 Ⅳ. ① TN410.2

中国版本图书馆 CIP 数据核字(2019)第 007469 号

策　　划　高　樱
责任编辑　许青青
出版发行　西安电子科技大学出版社(西安市太白南路 2 号)
电　　话　(029)88202421　88201467　　邮　　编　710071
网　　址　www.xduph.com　　　　　　电子邮箱 xdupfxb001@163.com
经　　销　新华书店
印刷单位　西安创维印务有限公司
版　　次　2019 年 2 月第 1 版　　2023 年 4 月第 2 次印刷
开　　本　787 毫米×1092 毫米　1/16　印　张　16
字　　数　337 千字
印　　数　3001～4000 册
定　　价　38.00 元

ISBN 978-7-5606-5188-0 / TN

XDUP 5490001-2

如有印装问题可调换

前　言

Altium Designer 是原 Protel 软件开发商 Altium 公司推出的一体化的电子产品开发系统。Altium Designer 除了全面继承 Protel 99SE、Protel DXP 等一系列版本的功能和优点外，还进行了许多改进，增加了很多高端功能。该平台拓宽了板级设计的传统界面，全面集成了 FPGA 设计功能和 SOPC 设计实现功能，允许工程设计人员将系统设计中的 FPGA 与 PCB 设计及嵌入式设计集成在一起。

STR-FII 环保型快速制板系统是福州时创电子有限公司生产的产品，此仪器使用步骤简单，制板速度快捷，很适合作为高等院校的教学仪器。

本书从实用角度出发，采用理论讲解与实例演示相结合的讲述方法，介绍了使用 Altium Designer 软件进行原理图和印刷电路板图设计的整个过程，以及使用 STR-FII 环保型快速制板系统制作电路板的方法。

全书共 9 章，各章的主要内容如下：

第 1 章：Altium Designer 的基础知识，介绍了 Altium Designer 的新功能和安装方法，以及 Altium Designer 的基本操作方法。

第 2 章：电路原理图的设计，介绍了设计电路原理图的过程和方法，以及编辑修改原理图的技巧。

第 3 章：层次原理图的设计，介绍了自下而上和自上而下设计层次原理图的方法，以及各层之间的切换和连通。

第 4 章：电路原理图的后期处理，介绍了原理图的全局编辑和工程编译，以及报表的生成和原理图的打印步骤。

第 5 章：原理图元件库的创建与管理，介绍了简单元件和复杂元件的制作过程，以及对应的使用方法。

第 6 章：印刷电路板的设计，介绍了电路板的设计步骤和基本原则，以及布局和布线的基本方法。

第 7 章：印刷电路板的后期处理，介绍了电路板的测量和 DRC 功能，以及报表和 PCB 文件的输出。

第 8 章：元件封装库的创建与管理，介绍了封装库的创建、管理以及应用。

第 9 章：印刷电路板的制作，介绍了使用 STR-FII 环保型快速制板系统制作电路板的方法。

本书由温州职业技术学院的颜晓河、王石磊、董玲娇、陈宣荣，亚龙智能装备集团股份有限公司的吕洋和郑巨上共同编写。颜晓河编写第 1~5 章，王石磊编写第 6 章，董玲娇编写第 7 章，陈宣荣编写第 8 章，吕洋和郑巨上共同编写第 9 章。全书由颜晓河统稿。

由于编者水平有限，书中欠妥之处在所难免，敬请广大读者批评指正。

编　者

2018 年 12 月

目 录

第 1 章　Altium Designer 的基础知识

Altium Designer 是原 Protel 软件的开发商 Altium 公司推出的一体化的电子产品开发系统，主要运行在 Windows 操作系统中。这套软件通过把原理图设计、电路仿真、PCB 绘制编辑、拓扑逻辑自动布线、信号完整性分析和设计输出等技术完美融合，为设计者提供了全新的设计解决方案，使设计者可以轻松地进行设计。熟练使用这一软件必将使电路设计的质量和效率大大提高。

1.1　Altium Designer 简介

电路设计自动化(EDA，Electronic Design Automation)是指将电路设计中的各种工作交由计算机来协助完成，如绘制电路原理图(Schematic)、制作印刷电路板(PCB)文件、执行电路仿真(Simulation)等设计工作。随着电子技术的蓬勃发展，新型元器件层出不穷，电子线路变得越来越复杂，电路的设计工作已经无法单纯依靠手工来完成，电子线路计算机辅助设计已经成为必然趋势，越来越多的设计人员使用快捷、高效的 CAD 设计软件来进行辅助电路原理图、印制电路板图的设计，打印各种报表。

EDA 工具软件大致可分为芯片设计辅助软件、可编程芯片辅助设计软件、系统设计辅助软件三类。

目前进入我国并具有广泛影响的 EDA 工具软件是系统设计辅助软件和可编程芯片辅助设计软件，如 Protel、Altium Designer、PSPICE、Multisim12(原 EWB 的最新版本)、OrCAD、PCAD、LSI Logic、MicroSim、ISE、ModelSim、MATLAB 等。这些工具都具有较强的功能，一般可用于多个方面，如很多软件可以进行电路设计与仿真，同时还可以进行 PCB 自动布局布线，可输出多种网表文件与第三方软件接口。

Altium Designer 除了全面继承包括 Protel 99SE、Protel DXP 在内的先前一系列版本的功能和优点外，还进行了许多改进，增加了很多高端功能。该平台拓宽了板级设计的传统界面，全面集成了 FPGA 设计功能和 SOPC 设计实现功能，允许工程设计人员将系统设计中的 FPGA 与 PCB 设计及嵌入式设计集成在一起。由于 Altium Designer 在继承先前 Protel 软件功能的基础上综合了 FPGA 设计和嵌入式系统软件设计功能，因此 Altium Designer 对计算机的系统需求比先前的版本要高一些。

1.2　Altium Designer 的新功能

Protel 最新版本 Altium Designer(以下简称 AD)增强了很多板级设计功能，大大增强了对复杂板卡设计和高速数字信号的支持。同时，AD 能更加方便、快速地实现复杂板卡的 PCB 板图设计。新增亮点如下：

1. 支持差分对布线

AD 支持在原理图和 PCB 中进行差分对布线的功能。利用设计规则检测差分信号布线使之具备交互式布线的能力，将差分信号设计扩展并集成到 FPGA 设计上，就可以直接映射到 PCB 板项目中的 LVDS 信号对。

2. 支持动态网络分配

AD 支持 BGA 器件逃溢布线后在多层 PCB 板图上的网络交换功能。此外，该功能还利用了 AD 中 FPGA 与 PCB 设计的差分对交换模式。AD 实现了在 PCB 板图设计中，交换 FPGA、无端口属性分立器件(如电阻、电容、电感等)及多重部件 IC(如多路运放 IC 等)的引脚网络分配。

3. 支持 BGA 逃溢布线

AD 利用自动"逃溢"布线功能来解决对器件 BGA 封装中心引脚区域布线非常困难的问题。AD 自动通过各个焊盘的逃溢式布线，直接将网络延伸到器件边缘，大大降低了交互式布线的复杂度。

4. 支持摘录设计片段

在需要从一个设计移植到另外一个设计中复用电路片段时，通过摘录设计片段功能，可将设计片段(包括原理图片段、PCB 板图片段和基于文本的编码片段)直接保存到文件夹中，便于查找以及与其他用户共享。

5. 提供 Board Insight 功能

AD 具备 Board Insight 功能，可以采用简单、易用的格式显示 PCB 设计中的更多信息。在导航模式下，高级显示功能将在光标处动态显示出对象的最新信息。Board Insight 功能使得在复杂、密集、多层设计中浏览对象容易很多。

6. 翻转并编辑板卡

AD 支持翻转板卡设计功能，真正实现了对 PCB 的双面布局布线；利用翻转板卡设计功能，用户在对 PCB 的双面布局时不再有任何差异，简化了对高密 PCB 板图的设计工作。

7. 支持 True Type 字体

AD 提供了对在 PCB 上使用符号字符和 Unicode 字符集的支持，如希腊文、中文和日文语言字符集，还实现了将字体嵌入到 PCB 文件中的功能，从而满足在不同计算机间设计的可移植性。

8. 增强交互式布线功能

在 AD 中对 PCB 进行交互布线设计时，系统将动态显示最优布线路径，用户只需要敲击键盘就可以完成单个网络的布线。

9. 导入向导，降低项目导入的复杂性

AD 中可以导入 Protel 99 SE 项目，CircuitMaker 2000 原理图和器件符号库，P-CAD 原理图、PCB、器件符号库和 PCB 封装库，OrCAD 原理图、PCB 和器件库，PADS 项目和

PCB 封装库等。

10. 加强布线功能

AD 采用了增强的第三代 SitusTM(Topology Modes)逻辑拓扑布线技术，并结合 Microsoft Windows 的 DirectX 图形加速技术，为实现更高效的布线性能提供了可靠的技术支持。该功能的主要特点如下：

(1) 具有智能交互布线模式。

(2) 可自动移除闭合回路。

(3) 布线操作更灵活。

(4) 支持中文字体。

11. 多线或总线编辑模式

AD 提供了新颖的多线或总线编辑模式，不仅支持原理图，也支持 PCB 板图下同时对多线或总线进行编辑。多线或总线编辑功能在一定程度上可辅助用户在 PCB 板图设计中完成整体拉伸、移动等操作。

12. 封装管理器

在 Altium Designer 的原理图编辑器中包含了一个强大的封装管理器，它用于检查整个设计工程中每个元器件的封装形式。从工具菜单中可以找到这个功能。在整个设计中利用封装管理器可发现并检测出封装分配的问题，当用户在原有的设计上工作或实现设计项目移植时，利用封装管理器将会带来显著的效果。

13. 直接在原理图页面中添加报告

现在用户可以拷贝 Excel(或其他 Windows 剪贴板)并直接添加到原理图页面上。用户可以打开数据表单，选择并拷贝某区域，然后将信息粘贴到原理图页面中，数据表单中所使用的所有布局和格式将被保留，极大地提高了系统中的存档质量。Windows 剪贴板中的数据可以为图元文件格式(图形信息保持为在 Excel 内的格式)、普通文本(在这种情况下，数据可以置入注释或文本框)或其他相关对象类型(使用新的动态粘贴系统)。所有 Altium Designer 网格控制功能已升级，可以将 Windows 的图元文件"拷贝"到剪贴板，可拷贝网格控制状态并直接将其粘贴到原理图页面中。

14. 智能粘贴

新系统提高了原理图编辑效率。该系统允许选择一组对象，将其粘贴为不同类型的对象。例如，可以选择一系列网络标签并粘贴为接口，Windows 剪贴板文本可粘贴为页面条目。系统可以执行复杂的数据转换，例如，将母线网络标签粘贴为同等系列的单个接线标签，或相反，将系列匹配接线标签粘贴为单个母线标签。该系统可同时在原理图页面上根据初始空间排列或字母数值对粘贴对象进行分类。

15. 摘录与组合

原理图对象可以分组形成组合。这些"组合"的创建方法为：选择一组对象，右击并选择"Create Union from Selected Object"(创建选中对象的组合)。对象组合可以作为单个对象进行移动，组合中的对象仍可单独进行编辑，"破裂"后可再次形成未组合对象。

在新系统中，用户可以创建和存储 "摘录"。原理图中任何数量的项目可以构成一个

"组合"，然后保存为"摘录"，以备将来使用。摘录在摘录面板中显示为缩略图，并组成资料库。各个原理图摘录保存为标准原理图文件，以备将来重新使用和与其他用户共享。摘录可以将对象恢复成自由对象，当对象在文档中为自由对象时，仍可对单个对象进行编辑。文本、图像和源代码也可保存为摘录。用于保存常用文本和图像(如版权信息)时，该功能非常有用。

16. 快捷面板

在 AD 中，新的快捷面板显示所有可用的快捷图标列表。此面板动态更新，显示正在使用的特定编辑器或面板的所有快捷操作。

17. 知识中心和动态帮助

AD 的在线帮助功能得到了极大改进。新的知识中心可以提供设计中的全部帮助，包括在新的动态帮助面板上直接显示用户正在工作的信息。此外，新的上下文快捷键面板可显示基于当前使用进程的键盘快捷键。

18. 项目的管理模式

AD 的任何设计都是以项目为基础的，所有文档都可以存放在硬盘或网络的任何地方，而不需要与项目文件在同一目录下。

19. 灵活、易用的全局编辑功能

AD 增强了对单个或批次选取对象的编辑功能，对于全局修改有很大的改进。

20. 多通道设计

多通道设计不仅是在原理图设计中的多层次化功能，还是在 PCB 设计中的多通道设计布局/布线复制功能。在整个项目中，对单个通道只需要设计一次。

21. 原理图环境中 PCB 规则的设定

在电路的原理图设计过程中就可以进行 PCB 规则的设定，从而方便了信息的传递。

22. 集成库的管理模式

AD 把原理图、PCB 封装库、混合信号仿真、信号完整性分析的库集成在一起进行统一管理，大大方便了电路的设计和校验，即使在最复杂的板卡上，实时缩放速度和换屏速度也提高了 20 倍，设计环境的反应速度更快。

23. 图形硬件加速器

Altium Designer 的 PCB 编辑器增加了一个新的硬件加速图形引擎。在绘图方面，该引擎的速度比目前的 GDI 图形引擎的速度有质的提高。它在 PCB 编辑器中为用户提供平滑、实时的图形。即使在最大的 PCB 文档中，它的重新绘图速度也表现得迅速有效。

新的图形引擎采用由微软 DirectX 9.0 支持的 Shader Model 3(Shader 模型 3)技术。在 Shader 建模技术中，绘制对象图形的应用程序代码由图形卡处理器(GPU)执行，而不是由主机 CPU 执行。

传统的做法是将图形卡当作傻瓜型像素打印机，首先应用程序代码将图形制成位图存储在存储器中，然后将主机 CPU 中的所有像素数据传送给 GPU。

使用 Shader 技术，应用程序代码向 GPU 发出指令，指出绘制对象的类型(如线轨)，并

提供最小的数据集以确定线轨属性(如位置、宽度和颜色)。

在 Altium Designer 的 PCB 编辑器中,这意味着:在屏幕上绘制线轨对象时不是传送大量像素,而是 GPU 经过编程,知道如何绘制线轨,Altium Designer 仅需传送位置坐标、线宽和颜色信息。新的硬件加速图形引擎的特点如下:

(1) 提供的绘图速度约为 GDI 的 20 倍。

(2) 消除了多边形对绘图速度的影响。

(3) 在所有缩放水平上提供顺畅的移屏和滚动效果。

(4) 保持最大板卡的绘图和移屏性能。

(5) 将在各种图形卡上充分接受测试和标准检测。

(6) 可与现有图形引擎协作,需要时,用户可以在两者之间切换。

(7) 该图形引擎需要支持 DirectX 9.0 和 Shader Model 3 的图形卡。

24. 满足版本控制要求的器件库

版本控制系统为电子文档的存取提供理想的管理和控制方法。Altium Designer 6.3 将库管理和版本控制功能汇集到新的版本控制数据库中。版本控制数据库是 Altium Designer 数据库的一种扩展库,在这种库中,器件直接从公司数据库中置入。

新的版本控制数据库的特点如下:

(1) 使用方便,像所有 Altium Designer 库一样,器件直接从 Libraries(库)面板中置入——器件数据直接从公司数据库中读取,而参考符号和封装从版本控制库(子版本)中置入。

(2) 从 Libraries(库)面板中置入器件时,该库将检查器件状态。如果封装符号不是最新符号,那么它们将被库中的新符号自动更新。

(3) 添加了新的库类型*.SVNDBLib。SVNDBLib 库文件添加到 Libraries(库)面板中,器件直接从那里置入(与标准数据库*DBLib 一样)。

(4) 添加了一个新的向导,帮助重新构建版本控制数据库,将多个器件库转换为单个模型(符号、封装、三维模型),为添加 Subversion(分版本)库做好准备。对于版本控制源,将每个模型存储在各自文件中更合适。

(5) 存储在库中的 Altium Designer 模型可以直接编辑,并且更新后的模型在核对后可以存回库中。

(6) 可以直接在 Altium Designer 内部检查同一模型在不同版本之间的具体物理差异。

25. PCB 布线片段

有一个工具可以帮助提高 Altium Designer 的综合编辑功能,这就是新的 Track Slicer(线轨切割器)。线轨切割器是将一个或多个线段切割成两个线段的简易工具。在当前层或所有层上使用线轨切割器可切割一个或多个线轨。

线轨切割器的使用如下:

(1) 从 Move 子菜单中激活 Track Slicer(线轨切割器)(按下 M 即可显示),然后将鼠标移到现有线轨上,显示将要切割的线轨。

(2) 按下 Spacebar (空格键),将切割器锁定在垂直/水平/45 度位置。

(3) 按下 Tab 键,对切割器进行配置。

26. 多轨道布线支持功能增强

Altium Designer 新增了强大的 Smart Dragging(智能拖放)功能，该功能可以轻易地移动现有线段，同时保持连接线轨的正确角度。智能拖放功能同时为未连接线端添加了一个简单但功能一流的延伸功能。该功能不仅可以延伸当前线段，还可以自动添加新线段，以45 度角连接当前线段，这样就可以延伸现有布线。

27. 覆铜(多边形覆铜)管理系统

现在的密集高速板采用标准设计技术，这种技术将板卡所有闲置空间用作基准面，并用固体铜填充。这些铜区又称为灌铜，它们是通过多边形结构生成的。现在的多层板卡通常设计为包含 50 个或更多多边形。

新的 Polygon Manage(多边形管理器)提供了一个强大的控制中心，用于审核和管理板卡上的所有多边形。多边形管理器通过 Tools(工具)→Polygon Pours(多边形灌铜)子菜单打开。

多边形管理器不仅为整个板卡上的所有多边形提供高级视图，而且可以：

(1) 为每个多边形命名和重新命名。

(2) 设置多边形灌铜顺序。

(3) 在选中的多边形上执行任务，如重新灌铜或搁置(在显示器和 DRC 中隐藏)。

(4) 为选中的多边形添加和划定设计规则。

28. 用于 PCB 焊盘的槽形孔和方形孔

Altium Designer 6.3 发布后，AD 支持在 PCB 焊盘中设计槽形孔和方形孔。槽形孔和方形孔在重新设计的 PCB Pad 对话框中定义，可以直接给用户回馈焊盘设计的视觉效果。

槽形孔/方形孔支持的功能包括：

(1) 可以形成勾头(NC 布线)槽形孔。

(2) 可以形成方形(冲)孔。

(3) 槽形孔和方形孔可以进行电镀或非电镀。

(4) 为各种孔型生成单独的钻孔文件。

29. PCB 选取工具

选取功能是编辑工具箱的核心功能，在设计过程中，设计人员经常使用该功能。PCB编辑器中新的选取工具大大简化了建立选择集合的过程。

新的选取功能可以通过 Selection(选择)子菜单(按下 S 将显示)打开，其包括：

(1) Select Touching Rectangle(长方形接触选择)：将选取长方形接触到的任何对象。

(2) Select Touching Line(线条接触选择)：将选取线接触到的任何对象。

选择命令后按住 Shift 键可以在现有选择集合中添加新对象。

1.3　Altium Designer 对系统配置的要求

Altium Designer 16 的文件大小大约为 1.8 GB，用户可以与当地的 Altium 销售和支持中心联系，或者登录 Altium 公司网站(http：//www.altium.com/)，下载全功能的 Altium

Designer 16，创建一个 Altium 账户，并可申请获得为期 15 天的试用许可证。

1．达到最佳性能的推荐系统配置

(1)　Windows 7、Windows 8 或 Windows 10 专业版或更高的版本。

(2)　Intel 酷睿 2 双核/四核 2.66 GHz 或更快的处理器。

(3)　4 GB 内存。

(4)　10 GB 硬盘剩余空间(安装+用户档案)。

(5)　双显示器，至少 1680×1050 (宽屏)或 1600×1200 (4∶3)的屏幕分辨率。

(6)　可以选用 NVIDIA 公司的 GeForce 80003 系列、256 MB (或更多)的显卡或同等级别的显卡。

(7)　并行端口(如果连接 NanoBoard-NB1 的话)。

(8)　USB 2.0 的端口(如果连接 NanoBoard-NB2 的话)。

(9)　Adobe Reader 8 或以上。

(10)　DVD 驱动器。

(11)　Internet 连接，以接收更新和在线技术支持。

2．可以接受的最低的计算机系统配置

(1)　Windows 7 版本。

(2)　Intel 奔腾，1.8 GHz 处理器或相同等级的处理器。

(3)　2 GB 内存。

(4)　3.5 GB 硬盘剩余空间(安装+用户档案)。

(5)　主要显示器的屏幕分辨率为 1280×1024。强烈建议再装配一个最低屏幕分辨率为 1024×768 的显示器。

(6)　可以选用 NVIDIA 公司的 GeForce 6000/7000 系列、128 MB 显卡或相同级别的显卡。

(7)　并行端口(如果连接 NanoBoard-NB1 的话)。

(8)　USB 2.0 的端口(如果连接 NanoBoard-NB2 的话)。

(9)　Adobe Reader 7 或以上。

(10)　DVD 驱动器。

在最佳的系统性能配置和最低的系统性能配置中均不建议使用集成显卡。此外，要实现 Altium Designer 的 FPGA 设计功能，还需要安装相应的第三方器件供应商工具，这些工具可以免费从器件供应商网站上下载获取。

1.4　Altium Designer 的安装

Altium Designer 的安装步骤如下：

(1)　打开安装包文件夹，如图 1-1 所示，双击 AltiumDesigner16Setup.exe，进入安装界面，如图 1-2 所示。

名称	修改日期	类型	大小
Altium Cache	2015/11/12 18:23	文件夹	
Extensions	2015/11/12 18:23	文件夹	
Licenses	2015/11/12 18:22	文件夹	
Medicine	2015/11/12 18:22	文件夹	
SolidWorks Add-In	2015/11/12 18:22	文件夹	
Altium Designer 16.0.5 RBE.md5	2015/11/12 11:00	MD5 文件	67 KB
AltiumDesigner16Setup.exe	2015/11/7 5:33	应用程序	10,604 KB
autorun.inf	2015/11/11 17:09	安装信息	1 KB
Extensions.ini	2015/11/11 1:01	配置设置	6 KB
ReadMe.txt	2015/11/12 18:27	文本文档	7 KB
ReadMe_eng.txt	2015/11/12 18:27	文本文档	1 KB

图 1-1　安装包文件夹

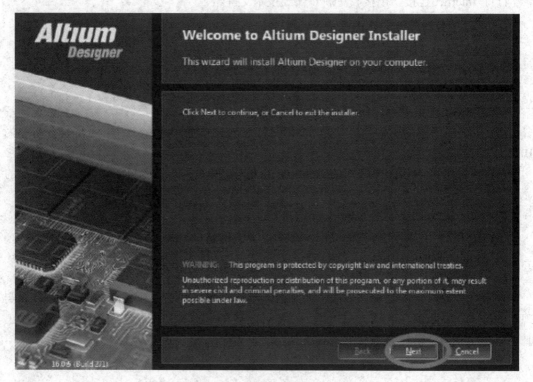

图 1-2　AD 安装界面图

　　(2) 点击"Next"按钮，出现如图 1-3 所示的界面。图中，"Select Language"选择"Chinese"，并勾选"I accept the agreement"，点击"Next"按钮，进入如图 1-4 所示的插件选择界面。根据需求选择所需的插件，选择完成后，点击"Next"按钮，出现如图 1-5所示的安装路径选择界面。图 1-5 中，1 处选择安装路径，最好不要安装在 C 盘上，以免影响电脑的启动速度，设置好后点击 2 处"Next"按钮，出现如图 1-6 所示的准备安装界面。继续点击"Next"按钮，出现如图 1-7 所示的安装进行中的界面，最后出现如图 1-8

所示的安装完成界面。图 1-8 中，1 处不勾选，点击 2 处的 "Finish" 按钮，完成安装。

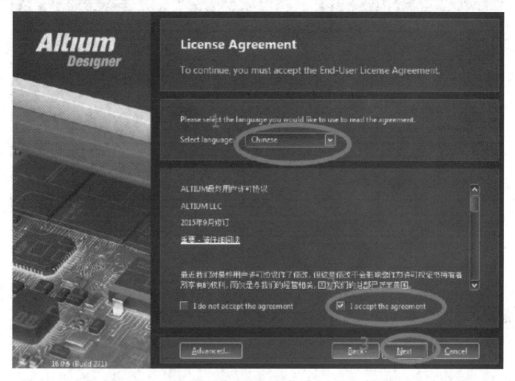

图 1-3　申请界面

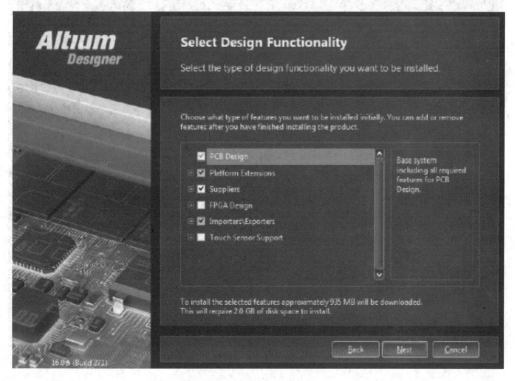

图 1-4　插件选择界面

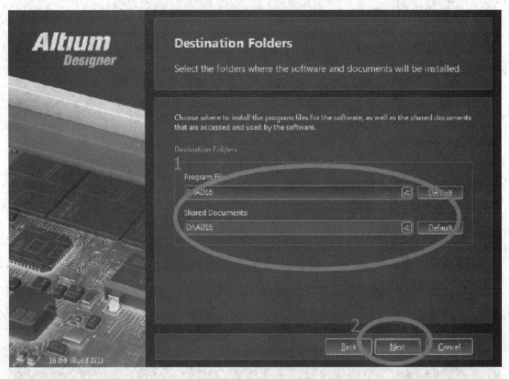

图 1-5　安装路径选择界面

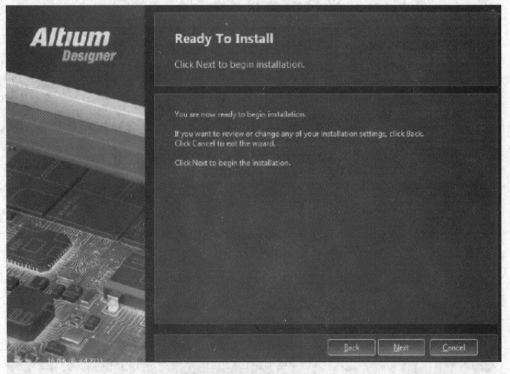

图 1-6　准备安装界面

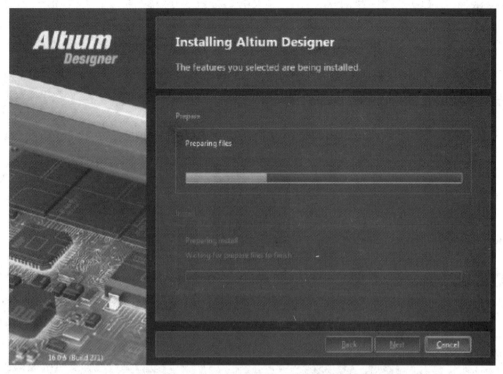

图 1-7　安装进行中的界面

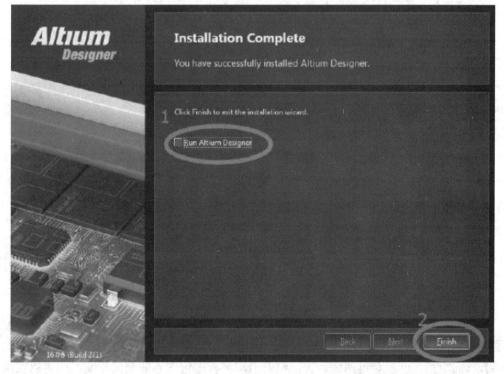

图 1-8　安装完成界面

1.5　Altium Designer 的基本操作

1.5.1　Altium Designer 16 的启动

双击电脑桌面的 Altium Designer 16 快捷图标(见图 1-9)，即可启动 Altium Designer 软件，如图 1-10 所示。

图 1-9　快捷图标

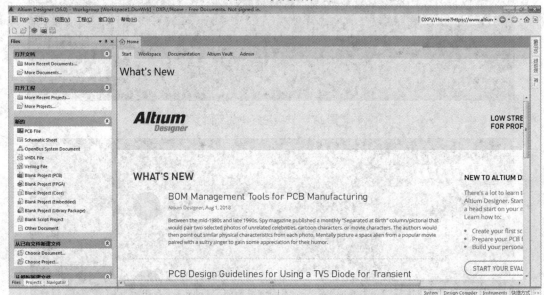

图 1-10　Altium Designer 16 的工作环境

1.5.2　Altium Designer 16 的工作环境

Altium Designer 16 的整个工作环境主要包括菜单栏、工具栏、面板控制栏、工作区等项目，如图 1-11 所示。其中，工具栏、菜单栏里面的项目会随着所打开文件的属性而不同。

Altium Designer 的面板大致可分为三类：弹出式面板、活动式面板和标签式面板。各面板之间可以相互转换。各种面板形式如图 1-12 所示。

(1) 弹出式面板：在图 1-12 所示主界面的右上方有一排弹出式面板栏，用鼠标触摸隐藏的面板栏(鼠标停留在标签上一段时间，不用单击)，即可弹出相应的弹出式面板；当鼠标离开该面板后，面板会迅速缩回去。倘若希望面板停留在界面上而不缩回，可用鼠标单击相应的面板标签，在需要隐藏时再次单击标签面板即自动缩回。

（2）活动式面板：即界面中央的面板。可用鼠标拖动活动式面板的标题栏使面板在主界面中随意停放。

（3）标签式面板：即界面左边的面板。该面板左下角为标签栏。标签式面板只能显示一个标签的内容，可单击标签栏的标签进行面板切换。

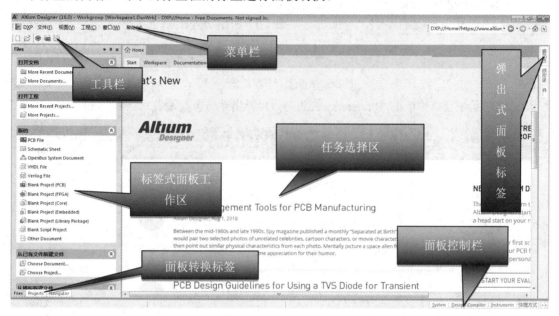

图 1-11　Altium Designer 16 的基本集成开发环境

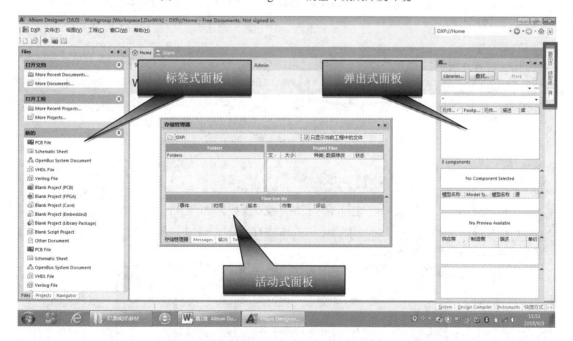

图 1-12　Altium Designer 16 的各种面板形式

1.5.3　Altium Designer 的中文界面

1. 中文界面的进入

进入 Altium Designer 系统中文界面的步骤如下：

(1) 单击菜单栏上的"DXP"按钮，如图 1-13 所示，弹出系统菜单。

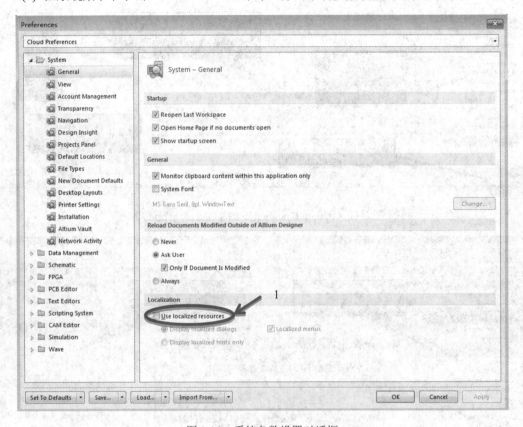

图 1-13　主菜单栏

(2) 在系统菜单中单击"Preferences…"命令，弹出系统参数设置对话框，如图 1-14 所示。

图 1-14　系统参数设置对话框

(3) 勾选图 1-14 中的 1 处，此选项称为本地化资源命令项，随即弹出一个新设置应用警告对话框，如图 1-15 所示。

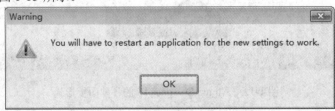

图 1-15　新设置应用警告对话框

（4）单击图 1-15 中的"OK"按钮，再单击图 1-14 中的"OK"按钮。

（5）退出 Altium Designer 系统。此时重新启动 Altium Designer 系统，即变为中文界面，如图 1-16 所示。

图 1-16　Altium Designer 系统的中文界面

2. 中文界面的退出

中文界面的退出步骤和进入步骤类似，区别在于去掉图 1-14 中 1 处的选中状态，重新启动系统，即可恢复英文界面。

1.5.4　Altium Designer 的工程及文件管理

Altium Designer 16 支持多种文件类型，对每种类型的文件都提供了相应的编辑环境，如原理图文件有原理图编辑器，PCB 库文件有 PCB 库编辑器，而对于 VHDL、脚本描述、嵌入式软件的源代码等文本文件，则有文本编辑器。当用户新建一个文件或者打开一个现有文件时，将自动进入相应的编辑器中。

在 Altium Designer 中，这些设计文件通常会被封装成工程，这样做一方面是便于管理，另一方面是易于实现某些功能需求，如设计验证、比较及同步等。工程内部对于文件的内容及存放位置等没有任何限制。

Altium Designer 中，任何一项开发设计都被看作一项工程。在电子产品开发的整体流程中，Altium Designer 系统提供了创建和管理所有不同工程类型的一体化环境，包括 PCB 工程、FPGA 工程、核心工程、集成元件库、嵌入式工程、脚本工程等，其中的 FPGA 工程、核心工程、嵌入式工程均用于为用户提供不同的 FPGA 设计方法。不同的工程类型可以独立运作，但最终会被系统逻辑地链接在一起，从而构成完整的电子产品。

1. 工程文件类型

工程文件是工程的管理者，是一个 ASCII 文本文件，含有该工程中所有设计文件的链接信息，用于列出该工程中的设计文档及有关输出的配置等。

Altium Designer 允许用户把文件放在自己喜欢的文件夹中，甚至同一个工程的设计文件可分别放在不同的文件夹中，只要通过一个链接关联到工程中即可。但是为了设计工作的可延续性和管理的系统性，便于日后能够清晰地阅读、更改，建议用户在设计一个工程时新建一个设计文件夹，尽量将它们放在一起。

工程文件有多种类型，在 Altium Designer 系统中主要有以下几种工程：

(1) PCB 工程(*.PrjPcb)；

(2) FPGA 工程(*.PrjFpg)；

(3) 核心工程(*.PrjCor)；

(4) 嵌入式工程(*.PrjEmb)；

(5) 集成元件库(*.PrjPkg)；

(6) 脚本工程(*.PrjScr)。

注：文件扩展名不区分大小写。

2. 创建新工程

1) 菜单创建

选择"文件"→"New"→"Project"命令，如图 1-17 所示，在弹出的菜单中列出了可以创建的各种工程类型，如图 1-18 所示。

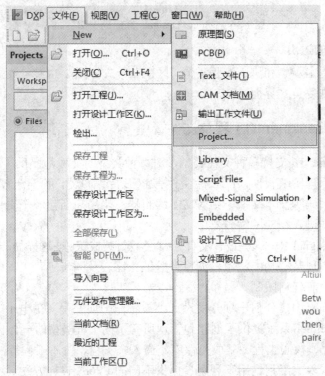

图 1-17　创建工程

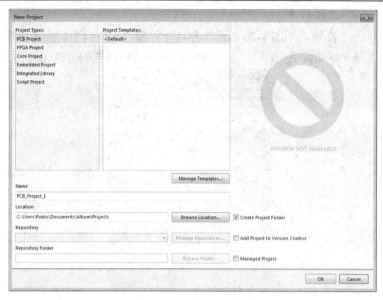

图 1-18　选择工程类型

2)　"Files"面板创建

打开"Files"面板，在"新的"栏中列出了各种空白工程"Blank Project"，如图 1-19 所示，单击选择即可。

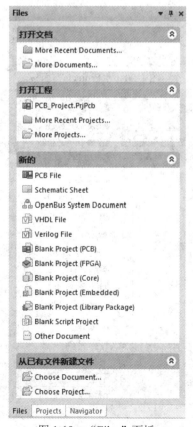

图 1-19　"Files"面板

3) "Projects" 面板创建

打开 "Projects" 面板，如图 1-20 所示，移动光标到 "工作台"，点击鼠标右键，在弹出的菜单列表中选择 "添加新的工程"，再在弹出列表中选择需要创建的工程，如图 1-21 所示。

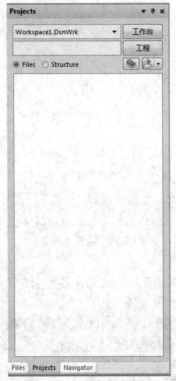

图 1-20　　"Projects" 面板

图 1-21　　"Projects" 面板创建新的工程

3. 保存工程

1) 菜单保存

选择"文件"→"保存工程",如图 1-22 所示,打开如图 1-23 所示的工程保存对话框。选择保存路径并键入工程名,单击"保存"按钮后,即建立了自己所需的工程。

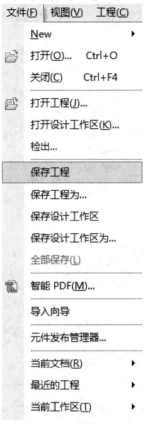

图 1-22　菜单保存

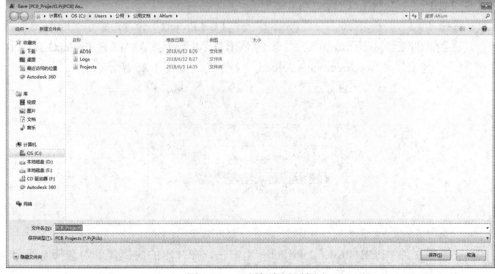

图 1-23　工程保存对话框

2) 面板保存

移动光标到"Projects"面板上的工程文件处,点击鼠标右键,如图 1-24 所示,选择"保存工程",打开如图 1-23 所示的工程保存对话框。选择保存路径并键入工程名,单击"保存"按钮后,即建立了自己所需的工程。

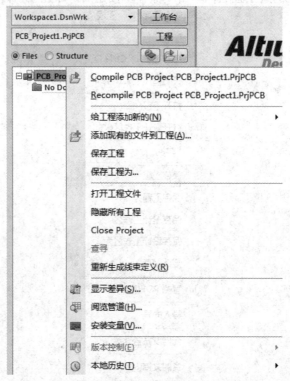

图 1-24　面板保存选择

对于各种类型的工程来说,创建一个新工程和保存工程的步骤是基本相同的,这里以创建一个新的 PCB 工程为例来说明。

【例 1-1】　创建一个 PCB 工程。

(1) 选择"文件"→"New"→"Project"→"PCB Project"命令,弹出"Projects"面板,系统自动在当前的工作区下面添加了一个新的 PCB 工程,默认名为"PCB_Project1.PrjPcb",并在该项目下列出了"No Documents Added"文件夹,如图 1-25 所示。

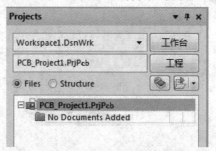

图 1-25　新建一个 PCB 工程

(2) 在工程文件"PCB_Project1.PrjPcb"上右击,在弹出的快捷菜单中选择"保存工程为",打开如图 1-23 所示的工程保存对话框。

(3) 选择保存路径并键入工程名，如"My design"。单击"保存"按钮后，即建立了自己的 PCB 工程"My design.PrjPcb"，如图 1-26 所示。

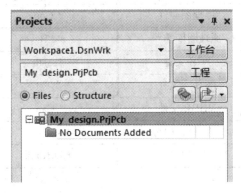

图 1-26　新建"My design.PrjPcb"

4. 常用文件

在 Altium Designer 的每种工程中都可以包含多种类型的设计文件，具体的文件类型及相应的扩展名在 File Types 选项卡中被一一列举。点击菜单栏的"DXP"，然后选择"参数选择"，弹出"参数选择"对话框，点击"System"下的"File Types"，如图 1-27 所示，用户可以参看并进行设置。在使用 Altium Designer 进行电子产品开发的过程中，用户经常用到的几种主要设计文件如表 1-1 所示。

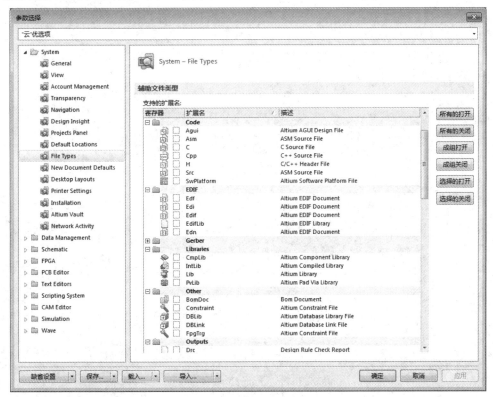

图 1-27　File Types 选项卡

表 1-1　主要设计文件

文件扩展名	设计文件	文件扩展名	设计文件
*.SchDoc	原理图文件	*.Cpp	C++源文件
*.SchLib	原理图库文件	*.H	C 语言头文件
*.PcbDoc	PCB 文件	*.Asm	ASM 源文件
*.PcbLib	PCB 库文件	*.Txt	文本文件
*.Vhd	VHDL 文件	*.Cam	CAM 文件
*.V	Verilog 文件	*.OutJob	输出工作文件
*.C	C 语言源文件	*.DBLink	数据库链接文件

习　　题

1. 在 E 盘下建立一个名为"班级姓名学号"的文件夹，并在文件夹中建立名为"design1.PrjPcb"的设计工程文件。

2. 关闭 1 题中新建的设计工程文件"design1.PrjPcb"后，再打开，然后对其进行汉化操作。

第 2 章　电路原理图的设计

原理图设计是电路设计的基础，只有在设计好原理图的基础上才可以进行印刷电路板的设计和电路仿真等。本章详细介绍了如何设计电路原理图以及编辑和修改原理图。通过本章的学习，可掌握原理图设计的过程和技巧。

2.1　电路原理图的设计步骤

原理图的设计流程如图 2-1 所示。下面根据设计流程分析原理图的具体设计步骤。

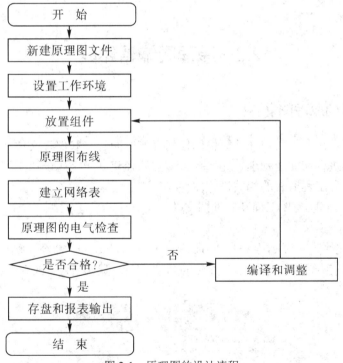

图 2-1　原理图的设计流程

(1) 新建原理图文件。在进行 SCH 设计之前，首先要构思好原理图，即必须知道所设计的项目需要哪些电路来完成，然后用 Altium Designer 16 画出电路原理图。

(2) 设置工作环境。根据实际电路的复杂程度来设置图纸的大小。在电路设计的整个过程中，图纸的大小都可以不断地调整，设置合适的图纸大小是完成原理图设计的第一步。

(3) 放置组件。从组件库中选取组件，布置到图纸的合适位置，并对组件的名称、封装进行定义和设定，根据组件之间的走线等联系对组件在工作平面上的位置进行调整和修改，使得原理图美观而且易懂。

(4) 原理图布线。根据实际电路的需要，利用 SCH 提供的各种工具、指令进行布线，将工作平面上的器件用具有电气意义的导线、符号连接起来，构成一幅完整的电路原理图。

(5) 建立网络表。完成上面的步骤以后，就可以看到一张完整的电路原理图了，但是要完成电路板的设计，就需要生成一个网络表文件。网络表是电路板和电路原理图之间的重要纽带。

(6) 原理图的电气检查。当完成原理图布线后，需要设置项目选项来编译当前项目，利用 Altium Designer 16 提供的错误检查报告修改原理图。

(7) 编译和调整。如果原理图已通过电气检查，那么原理图的设计就完成了。这是对于一般电路设计而言的，对于较大的项目，通常需要对电路进行多次修改才能够通过电气检查。

(8) 存盘和报表输出。Altium Designer 16 提供了利用各种报表工具生成的报表(如网络表、组件清单等)，同时可以对设计好的原理图和各种报表进行存盘和输出打印，为印刷板电路的设计做好准备。

2.2　原理图编辑环境

2.2.1　创建新的原理图文件

Altium Designer 允许用户在计算机的任何存储空间建立和保存文件。但是，为了保证设计工作的顺利进行和便于管理，先选择合适的路径建立一个属于该工程的文件夹，专门用于存放和管理该工程所有的相关设计文件。

【例 2-1】　新建 PCB 工程及原理图文件。

操作过程如下：

(1) 选择"文件"→ "New" → "Project" → "PCB Project"命令，弹出"Projects"面板，系统自动在当前的工作区下面添加了一个新的 PCB 工程，默认名为"PCB_Project1.PrjPcb" ，如图 2-2 所示。

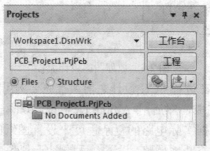

图 2-2　新建一个 PCB 工程

(2) 在工程文件"PCB_Project1.PrjPcb"上右击，在弹出的快捷菜单中选择"保存工程为"命令，将其以个性化或与设计有关的名称保存，如 My design。

(3) 在"My design.PrjPcb"上单击鼠标右键，如图 2-3 所示，然后点击"给工程添加新的"，再在弹出的菜单里选择"Schematic"命令，系统将在该 PCB 工程中添加一个新的空白原理图文件，默认名为"Sheet1.SchDoc"，如图 2-4 所示，同时打开了原理图的编辑环境。

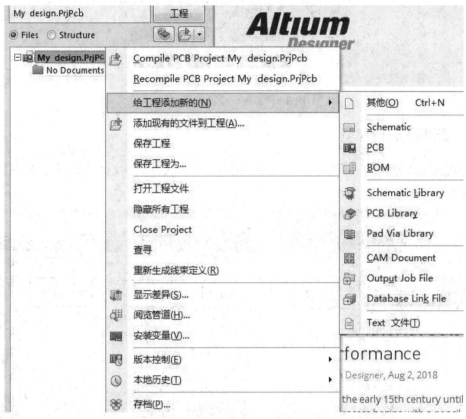

图 2-3　添加原理图的快捷菜单

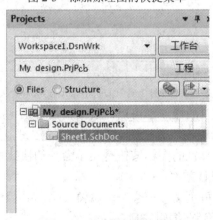

图 2-4　新建原理图文件

(4) 在"Sheet1.SchDoc"上单击鼠标右键，执行快捷菜单中的"保存"命令，可以重新命名原理图文件，如"circuit.SchDoc"，如图 2-5 所示。

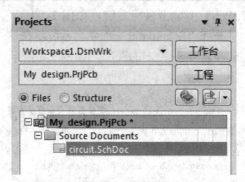

图 2-5　新建一个原理图文件

2.2.2　原理图编辑环境

原理图编辑器主要由菜单栏、工具栏、编辑窗口、状态栏、文件标签和文件路径组成，如图 2-6 所示。

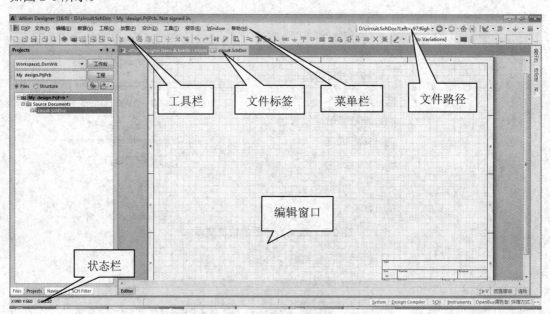

图 2-6　原理图编辑器

（1）菜单栏：编辑器所有的操作都可以通过菜单命令来完成，菜单中有下划线的字母为热键，大部分带图标的命令在工具栏中有对应的图标按钮。

（2）工具栏：编辑器工具栏的图标按钮是菜单命令的快捷执行方式，熟悉工具栏中图标按钮的功能，可以提高设计效率。

（3）文件标签：激活的每个文件都会在编辑窗口顶部显示相应的文件标签，单击文件标签，可以使相应文件处于当前编辑窗口。

（4）文件路径：当前文件的存储路径。

（5）编辑窗口：各类文件显示的区域，在此区域内可以实现原理图的编辑。

（6）状态栏：显示光标的坐标和栅格大小。

2.3 原理图的图纸设置

在进行原理图绘制之前，应根据所设计工程的复杂程度，首先对图纸进行设置。虽然在进入电路原理图编辑环境时，Altium Designer 系统会自动给出默认的图纸相关参数，但是在大多数情况下，这些默认的参数不一定符合用户的要求，尤其是图纸尺寸的大小。

执行"设计"→"文档选项"命令，或在编辑窗口内单击鼠标右键，在弹出的快捷菜单中执行"选项"→"文档选项"命令，打开"文档选项"对话框，如图 2-7 所示。

图 2-7 "文档选项"对话框

"文档选项"对话框中有 4 个选项卡，即方块电路选项、参数、单位和 Template。下面介绍"方块电路选项"选项卡。

1. 选项

(1) 定位：设置图纸方向，Landscape 表示图纸水平横向放置，Protrait 表示图纸垂直纵向放置。

(2) 标题块：用于设置图纸上是否显示标题栏。选中该项后，还要选择标题栏采用 Standard 标准型还是 ANSI 标准型。

(3) 方块电路数量空间：设定图纸编号的间隔。

(4) 显示零参数：设定是否显示图纸边沿的栅格参考区，选中有效。

(5) 显示边界：设定是否显示图纸边框，选中有效。

(6) 显示绘制模板：设定是否显示模板图形(模板图形就是模板内的文字、图形、专用字符串等)，选中有效。

(7) 板的颜色：单击其右边的色块可以设定图纸边框的颜色。

(8) 方块电路颜色：单击其右边的色块可以设定图纸的底色。

2. 栅格

(1) 捕捉：用来设置光标在图纸中移动时的最小移动间隔，选中有效。

(2) 可见的：用来设置是否在图纸上显示网格，选中有效。

3. 电栅格

电栅格用来设置是否启用电气网格，选中有效。

4. 更改系统字体

单击"更改系统字体"按钮后，可在随后的"字体"对话框中设置字体和大小，如图 2-8 所示。

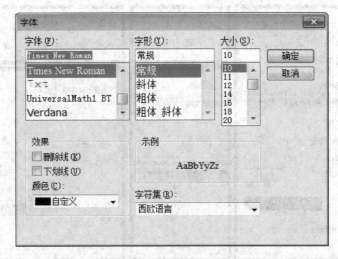

图 2-8 "字体"对话框

5. 标准风格

该下拉框提供了 Altium Designer 16 支持的图纸尺寸，可供选择的尺寸如下：

(1) 公制：A0、A1、A2、A3、A4。

(2) 英制：A、B、C、D、E。

(3) Orcad 图纸：OrcadA、OrcadB、OrcadC、OrcadD、OrcadE。

(4) 其他类型图纸：Letter、Legal、Tabloid。

具体图纸的尺寸参数如表 2-1 所示。

6. 自定义风格

(1) 定制宽度：设置图纸的宽度。

(2) 定制高度：设置图纸的高度。

(3) X 区域计数：设置 X 轴框参考坐标的刻度数。

(4) Y 区域计数：设置 Y 轴框参考坐标的刻度数。

(5) 刃带宽：设置边框宽度。

表 2-1　标准类型的图纸尺寸

标准类型	宽度×高度 /(mm×mm)	宽度×高度 /(in×in)	标准类型	宽度×高度 /(mm×mm)	宽度×高度 /(in×in)
A4	210×297	8.27×11.69	E	863.60×1117.6	34.0×44.0
A3	420×297	16.54×11.69	Letter	215.9×279.4	8.5×11.0
A2	420×594	16.54×23.39	Legal	215.9×355.6	8.5×14.0
A1	841×594	33.07×23.39	Tabloid	431.8×279.4	17.0×11.0
A0	841×1189	33.07×46.80	OrcadA	200.66×251.46	7.90×9.90
A	215.90×279.4	8.5×11.0	OrcadB	391.16×251.46	15.40×9.90
B	431.80×279.4	17.0×11.0	OrcadC	523.24×396.24	20.60×15.60
C	431.80×558.80	17.0×22.0	OrcadD	523.24×828.04	20.60×32.60
D	863.60×558.80	34.0×22.0	OrcadE	1087.12×833.12	42.80×32.80

【例 2-2】　将原理图的图纸边框设置为 A4。

操作步骤如下:

(1) 点击菜单栏"设计"→"文档选项",弹出"文档选项"对话框,如图 2-9 所示。

图 2-9　"文档选项"对话框

(2) 选择"方块电路选项"选项卡。

(3) 在选项卡右边的"标准风格"里选择 A4。

(4) 点击"确定"按钮,完成图纸设置。

2.4　元件库的操作

电路原理图就是各种元件的连接图,绘制一张电路原理图首先要完成的工作就是把所需要的各种元件放置在设置好的图纸上。Altium Designer 系统中，元件数量庞大，种类繁多，一般是按照生产商、类别和功能不同，将其分别存放在不同的文件内，这些专用于存放元件的文件称为库文件。

为了使用方便，一般应将包含所需元件的库文件载入内存中，这个过程称为元件库的加载。但是，内存中若载入过多元件库，又会占用较多系统资源，降低应用程序的执行效率。所以，如果暂时不用某库文件，应及时将该元件库从内存中移走，这个过程称为元件库的卸载。

2.4.1　"库..."面板

用鼠标单击弹出式面板栏的"库..."标签，打开如图 2-10 所示的"库"面板。如果面板栏没有"库..."标签，则可在绘图区底部的面板控制栏中选择"System"菜单，选择其中的"库..."即可显示元件库面板。

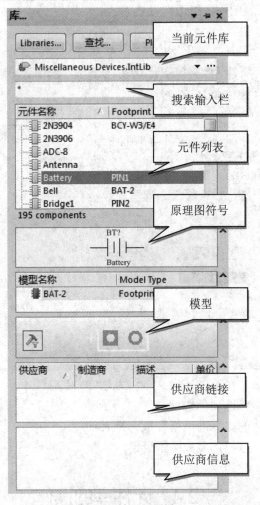

图 2-10　"库..."面板

"库..."面板的功能非常全面、灵活，它不仅可以快捷地进行元件的放置，还可以完成对元件库的加载、卸载，以及对元件的查找、浏览等。

　　"库..."面板主要由下面几部分组成：

　　(1) 当前元件库：该文本栏中列出了当前已加载的所有库文件。单击右边的"▼"按钮，可打开下拉列表，进行选择；单击"..."按钮，在打开的窗口(见图 2-11)中有 3 个可选项，即"器件"、"封装"、"3D 模式"，可根据是否选中来控制"库..."面板是否显示相关信息。

图 2-11　选择库中元件样式

　　(2) 搜索输入栏：用于搜索当前库中的元件，并在下面的元件列表中显示出来。其中，"*"表示显示库中的所有元件。

　　(3) 元件列表：用于列表显示满足搜索条件的所有元件。

　　(4) 原理图符号：该窗口用来显示当前选择的元件在原理图中的外形符号。

　　(5) 模型：该窗口用来显示当前元件的各种模型，如 3D 模型、PCB 封装及仿真模型等。

　　(6) 供应商链接和供应商信息：用于显示与所选元件有关的一些供应信息。

2.4.2　元件库的加载

　　Altium Designer 中有两个系统常用的集成元件库：Miscellaneous Devices.IntLib (常用分立元件库)和 Miscellaneous Connectors.IntLib(常用接插件库)。这两个元件库包含了常用的各种元器件和接插件，如电阻、电容、单排接头、双排接头等。在设计过程中，如果还需要其他元件库，则用户可随时进行选择加载，同时卸载不需要的元件库，以减少 PC 的内存开销。加载元件库的方法有两种：方法一是直接加载元件库，前提条件是用户已经知道选用元件所在的元件库名称；方法二是查找元件并加载元件库，前提条件是用户只知道所需元件的名称，并不知道该元件在什么样的元件库中。

1. 直接加载元件库

　　(1) 选择"设计"→"添加/移除库"命令或在"库"面板上单击左上角的"库"按钮，系统弹出如图 2-12 所示的"可用库"对话框。

　　"可用库"对话框中有 3 个选项卡："工程"选项卡中列出的是用户为当前工程自行创建的元件库；"Installed"选项卡中列出的是系统当前可用的元件库；"搜索路径"选项卡可以通过路径搜索所需的库文件。

　　(2) 在"工程"选项卡中单击"添加库"按钮，或者在"Installed"选项卡中单击"安装"按钮，系统将弹出如图 2-13 所示的"打开"对话框。

(3) 在图 2-13 所示的对话框中选择确定的库文件夹，打开后选择相应的元件库。例如，选择"Library"库文件夹中的元件库"Miscellaneous Devices.IntLib"，单击"打开"按钮后，该元件库就出现在了"可用库"对话框中，完成了加载，如图 2-14 所示。

(4) 用同样的方法再将"Miscellaneous Connectors.IntLib"元件库加载到系统中。加载完毕，单击"关闭"按钮，关闭对话框。此时就可以在原理图图纸上放置已加载元件库中的元件符号了。

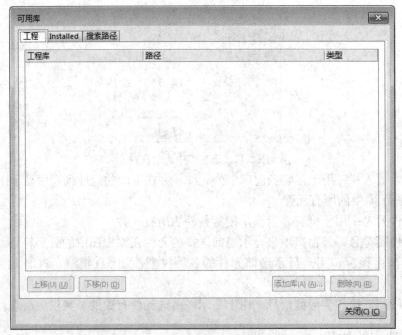

图 2-12 "可用库"对话框

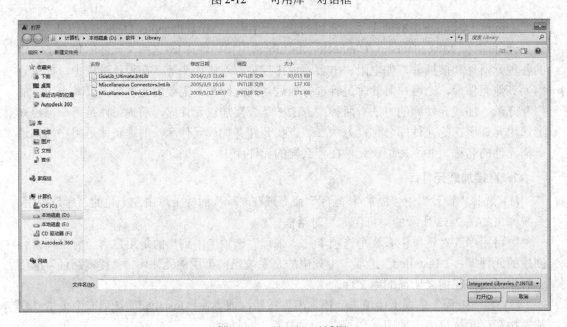

图 2-13 "打开"对话框

(5) 在"可用库"对话框中选中某一不需要的元件库，单击"删除"按钮，即可将该元件库卸载。

图 2-14　元件库浏览窗口

2. 查找元件并加载元件库

选择"工具"→"发现器件"命令或者在"库"面板上单击"查找"按钮，系统将弹出如图 2-15 所示的"搜索库"对话框。

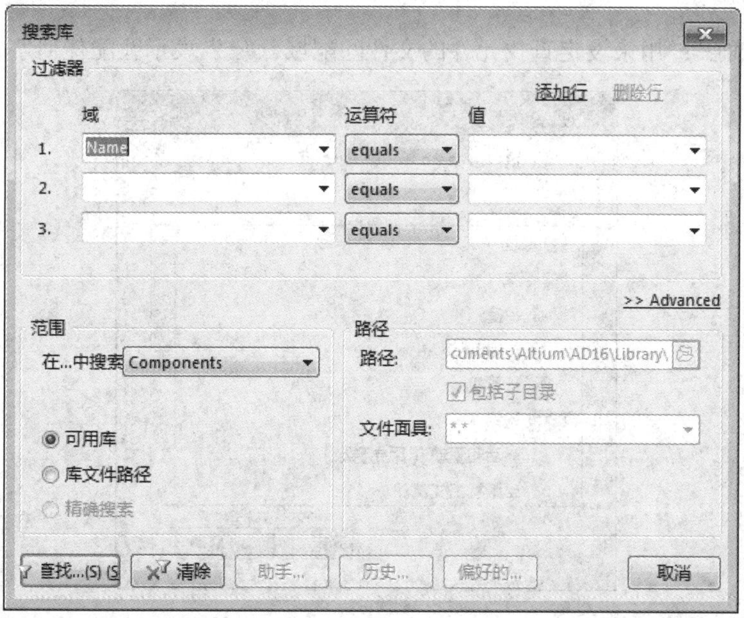

图 2-15　"搜索库"对话框

在"搜索库"对话框中，可以设定查找的条件、范围及路径，可以快捷地找到所需的元件，下面分别进行介绍。

1) 过滤器

过滤器用于设置需要查找的元件应满足的条件，最多可以设置 10 个，单击"添加行"按钮，可以增加，单击"删除行"按钮，可以删除。

(1) 域：该下拉列表框中列出了查找的范围。

(2) 运算符：该下拉列表框中列出了 equals、contains、starts with 和 end with 4 种运算符，可选择设置。

(3) 值：该下拉列表框用于输入需要查找元件的型号名称。

2) 范围

范围用于设置查找的范围。

(1) 搜索：单击"▼"按钮，有 4 种类型可供选择，即 Components(元件)、Footprints(PCB 封装)、3D Models(3D 模型)、Database Components(数据库元件)。

(2) 可用库：选择该单选按钮，系统会在已经加载的元件库中查找。

(3) 库文件路径：选择该单选按钮，系统将在指定的路径中进行查找。

(4) 精确搜索：该单选按钮仅在查找结果时才被激活。选中后，只在查找结果中进一步搜索，相当于网页搜索中的"在结果中查找"。

3) 路径

路径用来设置查找元件的路径，只有选择"库文件路径"在指定路径中搜索后才需要设置此项。

(1) 路径：单击右侧的 🖼 按钮，系统会弹出"浏览文件夹"窗口，如图 2-16 所示，供用户设置搜索路径。若选择下面的"包括子目录"复选框，则包含在指定目录中的子目录也会被搜索。

(2) 文件面具：用来设定查找元件的文件匹配域，"*"表示匹配任何字符串。

图 2-16　"浏览文件夹"对话框

4) Advanced

如果需要进行更高级的搜索，则可单击"Advanced"按钮，"搜索库"对话框将变为如图 2-17 所示的形式。在空白的文本框中可以输入表示查找条件的过滤语句表达式，有助于系统更快捷、更准确地查找。

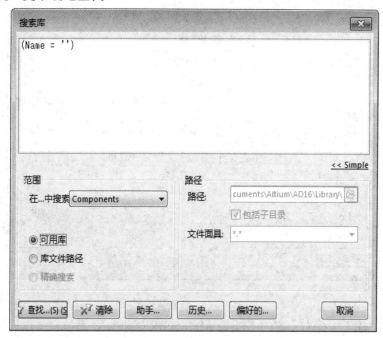

图 2-17　"搜索库"对话框

图 2-17 所示对话框中还增加了如下几个功能按钮：

(1) 助手：单击该按钮，即进入系统提供的"Query Helper"对话框，该对话框可以帮助用户建立起相关的过滤语句表达式。

(2) 历史：单击该按钮，即打开"Expression Manager"的"History"选项卡。其中存放了所有的搜索记录，供用户查询、参考。

(3) 偏好的：单击该按钮，即打开"Expression Manager"的"Favorites"选项卡，用户可以将中意的过滤语句表达式保存在这里，以便于下次查找时直接使用。

【例 2-3】　查找元件 AD9850 并加载相应的元件库。

(1) 打开"库"面板，单击"查找"按钮，系统弹出"搜索库"对话框。

(2) 在"域"下拉列表框的第一行选择"Name"选项，在"运算符"下拉列表框中选择"contains"选项，在"值"下拉列表框中输入元件的全部名称或部分名称"AD9850"。设置"搜索"类型为"Components"，选择"库文件路径"单选按钮，此时"路径"文本编辑栏内显示系统所提供的默认路径"C:\Users\Public\Documents\Altium\AD16\Library\"，如图 2-18 所示。

(3) 单击"查找"按钮后，系统开始查找。

(4) 查找结束后可以看到，符合搜索条件的元件只有一个，其原理图符号、封装形式等显示在面板上，用户可以详细查看。

图 2-18　元件查找设置

(5) 单击"库"面板右上方的"Place AD9850BRS"按钮，系统会弹出提示框，以提示用户。要放置的元件所在库为"AD RF and IF Frequency Synthesiser.IntLib"，并不在系统当前可用的元件库中，询问是否将该元件进行加载。

(6) 单击"是"按钮，则元件库"AD RF and IF Frequency Synthesiser.IntLib"被加载。此时，单击"库"面板上的"库"按钮可以看到，在"可用库"对话框中，"AD RF and IF Frequency Synthesiser.IntLib"已成为可用元件库。

2.5　元件的放置

原理图中有两个基本要素：元件符号和线路连接。绘制原理图的主要操作就是将元件符号放置在原理图图纸上，然后用导线或总线将元件符号中的引脚连接起来，建立正确的电气连接。

在 Altium Designer 系统中提供了两种放置元件的方法：一种是通过元件库面板放置，另一种是通过菜单放置。

2.5.1　通过元件库面板放置

通过"库"面板放置元件的步骤如下：

（1）打开"库"面板，载入放置元件所在的库文件。需要的元件 Res2 在"Miscellaneous Devices.IntLib"元件库中，加载这个元件库。

（2）加载元件库后，选择想要放置的元件所在的元件库。在如图 2-19 所示的下拉列表框中选择"Miscellaneous Devices.IntLib"文件。

图 2-19　元件库中的下拉列表

（3）单击鼠标，该元件库出现在文本框中，可以放置其中的所有元件。在元件列表区域中将显示库中所有的元件，如图 2-20 所示。

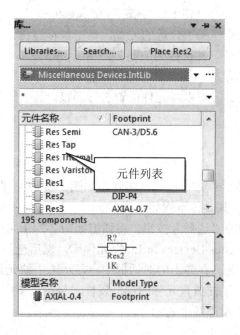

图 2-20　元件库中的元件列表

（4）在如图 2-20 所示的对话框中选择需要放置的元件"Res2"，此时"Res2"元件将以高亮显示，如图 2-21 所示。

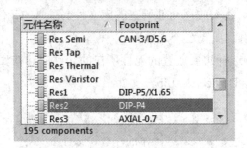

图 2-21　高亮显示的元件

(5) 选中元件"Res2"后，在"库"面板中将显示元件符号的预览以及元件的模型预览。确定是想要放置的元件后，单击面板上方的"Place Res2"按钮，鼠标指针将变成十字形并附加元件"Res2"的符号显示在工作窗口中，如图 2-22 所示。(除了单击放置按钮来放置元件外，还可以直接双击图 2-20 所示的元件列表框中的元件来放置元件。)

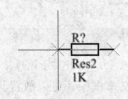

图 2-22　放置元件的鼠标状态

(6) 移动鼠标指针到原理图中合适的位置，单击鼠标左键，元件将被放置在鼠标指针停留的位置。此时鼠标指针仍然保持为如图 2-22 所示的状态，可以继续放置该元件。在完成放置选中元件后，单击鼠标右键，鼠标指针恢复成正常状态，从而结束元件的放置。

(7) 完成元件的放置后，可以对元件位置进行调整，设置这些元件的属性。重复上面的步骤，放置其他元件。

2.5.2　通过菜单放置

选择"放置"→"器件"菜单选项，将弹出如图 2-23 所示的"放置端口"对话框。

比如放置元件 Res2，其具体步骤如下：

(1) 单击该对话框中的"选择"按钮，将弹出如图 2-24 所示的对话框，在"库"下拉列表框中选择"Miscellaneous Devices.IntLib"元件库，然后选择元件"Res2"。

(2) 单击"确定"按钮，在弹出的对话框中将显示选中的元件，如图 2-25 所示。

此时对话框中显示出了被放置元件的部分属性，包括以下内容：

标识：被放置元件在原理图中的标号。

注释：被放置元件的说明。

封装：被放置元件的封装。

(3) 单击"确定"按钮，鼠标指针带着元件，此时元件处于放置状态，单击鼠标左键可以连续放置多个元件。放置完成后，单击鼠标右键，完成元件的放置。

图 2-23　"放置端口"对话框

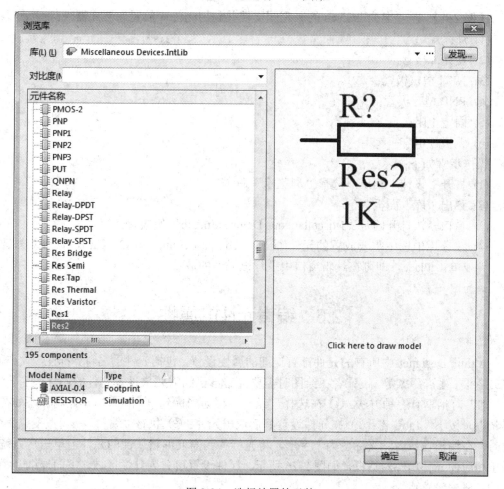

图 2-24　选择放置的元件

图 2-25　显示已选中的元件

【例 2-4】　新建名为 lx3.sch 的原理图文档并利用元件库放置如下元器件：

(1) 灯；

(2) 发光二极管；

(3) NPN 型三极管；

(4) PNP 型三极管；

(5) 固定电阻；

(6) 无极性电容。

操作步骤如下：

(1) 打开"设计"菜单，选择"浏览库"命令。

(2) 弹出"库"面板。

(3) 窗口默认打开的是"Miscellaneous Devices.IntLib"集成元件库。

(4) 在该库中选中需要放置的元件(lamp、led、npn、pnp、res2、cap)，直接双击选中的元件或单击 Place，即可在编辑窗口中进行该元件的放置。

2.6　编辑元件的属性

Altium Designer 中所有的元件都有详细的属性设置，包括元件的名称、标注、大小值、PCB 封装、生产厂家等，设计者在绘图时需要根据自己的需要来设置元件的属性。打开"元件属性"对话框有三种方法：① 在选择了元件后移动光标到绘图区，当元件图标还处在悬浮状态时按下"Tab"键；② 在元件设置好后双击元件；③ 执行"编辑"→"改变"命令，此时，在编辑窗口内，光标变为十字形，将光标移到需要编辑属性的元件上单击，系统会弹出相应的元件属性对话框，如图 2-26 所示。属性设置可分为几大区域，下面详细介绍元件的各属性设置。

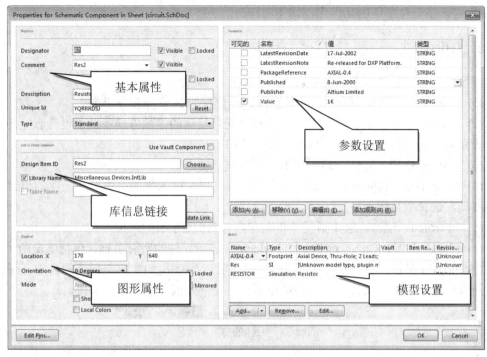

图 2-26　元件属性对话框

2.6.1　基本属性

该区域用来设置原理图中元件的最基本属性，包括如下几部分：

(1) Designator：元件符号，它是元件的唯一标识，用来标识原理图中不同的元件，因此，在同一张原理图中不可能有重复的元件标号。不同类型的元件的默认标号以不同的字母开头，并辅以"？"号，如电阻类的默认标号为"R？"，电容类的默认标号则为"C？"。可以单独在每个元件的属性设置对话框中修改元件的标号，也可以在放置完所有元件后再使用系统的自动编号功能来统一编号，还可以在放置第一个元件时将元件标号属性中的"？"号改成数字"1"，则以后放置的元件标号会自动以 1 为单位递增。元件标号还有"Visible"和"Locked"两个属性。"Visible"用于设定该标号在原理图中是否可见；选择"Locked"后元件的标号将不可更改。

(2) Comment：注释，通常可以设置为元件的大小值，如电阻的阻值或电容的容量，可随意修改元件的注释而不会发生电气错误。

(3) Description：对元件的描述。

(4) Unique Id：唯一 ID，系统的标识码，可以忽略。

(5) Type：元件的类型，可以选择"Standard"标准元件、"Mechanical"机械元件、"Graphical"图形元件、"Net Tie"网络连接元件。在此，无需修改元件的类型。

2.6.2　库信息链接

该区域列出了元件的元件库信息。"Designer Item ID"是元件所属的元件组，"Library

Name"显示了元件所属的元件库，均不用修改。

2.6.3 图形属性

该区域列出了元件模型的外观属性。

(1) Location X、Location Y：元件在图纸中位置的 X 坐标和 Y 坐标。

(2) Orientation：元件的旋转角度，有时候元件默认的摆放方向不便于设计者绘图，此时可设置元件的旋转角度为 0°、90°、180°、270°。

(3) Locked 锁定：元件锁定后将不能移动或旋转。

(4) Lock Pins：锁定元件引脚，若不选择该选项，则元件的引脚可在元件的边缘部分自由移动，选择后将锁定。

(5) Mirrored：镜像，选中后元件将在左右方向翻转。

(6) Show All Pins On Sheet(Even if Hidden)：显示元件的所有引脚，包括隐藏的。

(7) Local Colors：使用自定义颜色，选择该项后会弹出如图 2-27 所示的自定义颜色色块。可以单击相应的色块设置元件的填充颜色、元件外框颜色和引脚颜色。

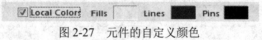

图 2-27　元件的自定义颜色

2.6.4 参数设置

该区域用来设置元件的其他非电气参数，如元件的生产厂家、元件信息链接、版本信息等，这些参数都不会影响到元件的电气特性。需要注意：对于电阻、电容等需要设定大小值的元件，还有 Value 值这一属性，默认其"Value"属性是选中的，也就是在图纸中显示，如图 2-28 所示。可以双击相应的信息或者选定信息后单击"编辑"按钮，在弹出的如图 2-29 所示的对话框中修改相应的信息，也可自行添加其他信息。

图 2-28　元件的参数信息

图 2-29　编辑元件参数

2.6.5　模型设置

该区域列出了元件所能用的模型，包括 Footprint(PCB 封装模型)、PCB3D(PCB 立体仿真图模型)、Simulation(仿真模型)和 Ibis Model(信号完整性分析模型)。如图 2-30 所示，Res2 元件仅有 PCB 封装模型，所以并不能进行仿真分析，可以单击"Add"按钮，自己设计添加仿真模型。如果图中所列出的 PCB 封装模型与元件的实际尺寸不一样，则可以另行选择其他封装。

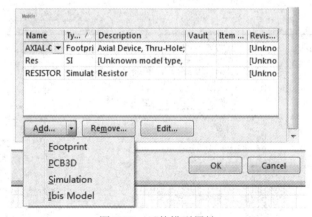

图 2-30　元件模型属性

1. PCB 封装模型的编辑

双击如图 2-30 所示的封装模型，或是选中模型后单击"Edit"按钮，进入"PCB 模型"对话框，如图 2-31 所示。在该对话框中能让读者改变的属性很少(此时"浏览"按钮呈灰色，不能更换封装)，仅能改变的是元件的引脚与模型引脚之间的映射。单击"PinMap"按钮，弹出如图 2-32 所示的引脚映射关系框。倘若元件的实际引脚与原理图模型的引脚顺序不一致，则可以双击右边"模型引脚标号"栏中的相应数字直接进行编辑。

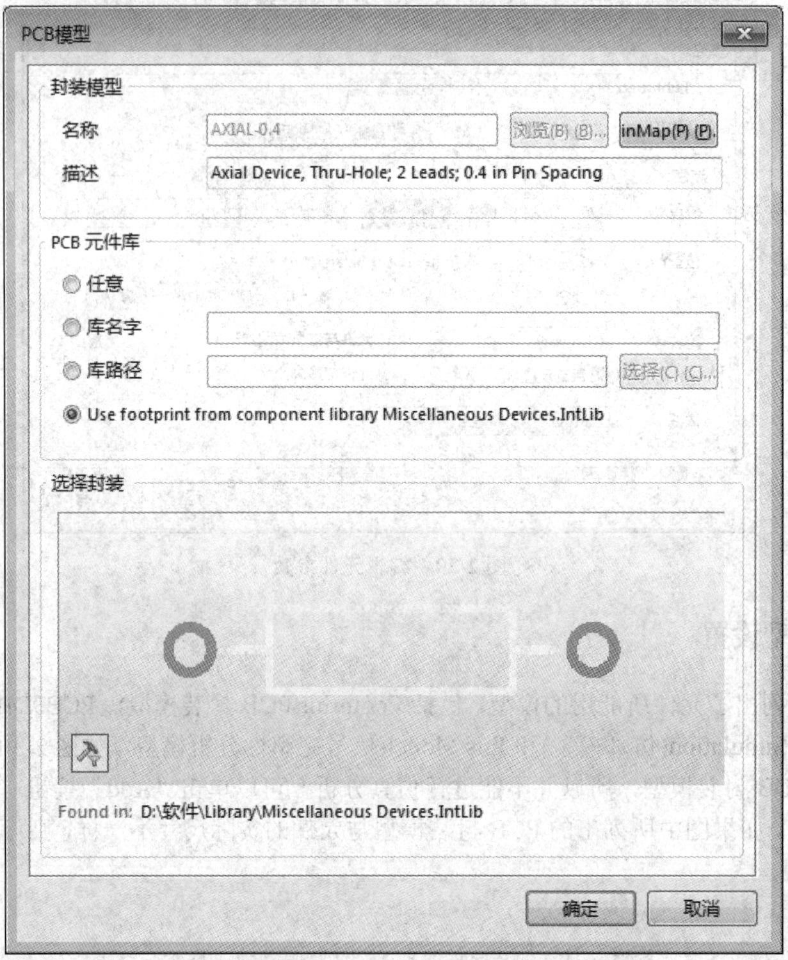

图 2-31　PCB 封装模型对话框

图 2-32　元件引脚映射关系框

2. PCB 封装模型的预览

图 2-31 所示对话框的下部是元件的预览图,此时元件封装是以 3D 图像的模式显示的,可以用鼠标拖动模型进行旋转。倘若只想观察元件的平面布局效果,则可以单击预览框左下角的  图标,取消其中的 "3D" 显示。图 2-33 所示为元件模型的平面显示效果。

图 2-33　元件模型的平面显示效果

3. 添加 PCB 封装模型

当系统默认的 PCB 封装模型与实际元件不一致时最好的解决办法就是添加新的封装模型。例如,绘制原理图中的蜂鸣器元件,其默认的封装模型是长方形的 "PIN2" 封装,而实际能够买到的蜂鸣器往往是圆柱形的或与电解电容类似的封装。单击如图 2-30 中的 "Add" 按钮,选中 "Footprint" 选项,弹出如图 2-34 所示的对话框,点击 "确定" 按钮,接着弹出与图 2-31 一样的对

图 2-34　添加新模型

话框,所不同的是此时的 "浏览" 按钮是可用的。单击 "浏览" 按钮浏览 Altium Designer 的元件封装库,如图 2-35 所示。单击左边的元件名称,右边的浏览框中显示元件的 3D 图像,可以自行找到如图 2-36 所示的圆柱形的 RB5-1.5 封装。若找不到,则同样可以单击 "发现" 按钮进行元件库加载操作,在 Altium Designer 丰富的封装库中寻找自己所需的封装,所有的操作均与前面元件的查找相同。

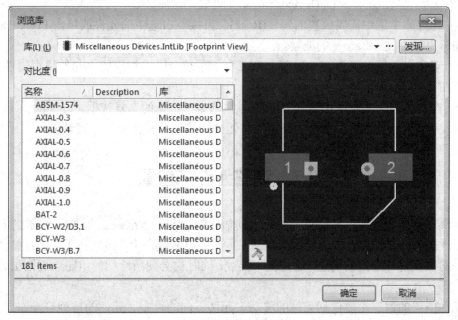

图 2-35　浏览封装库

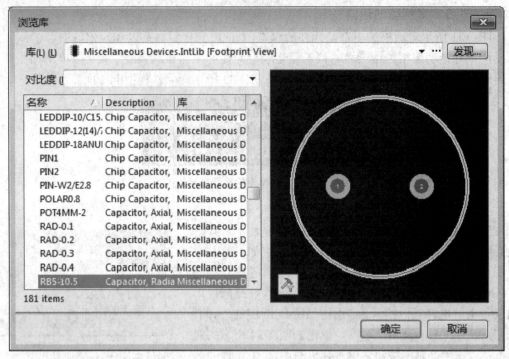

图 2-36　选择"RB5-10.5"封装

【例 2-5】 放置 Res2 电阻，将已放置的电阻序号改成 R1。

操作步骤如下：

(1) 打开"设计"菜单，选择"浏览库"命令。

(2) 弹出"库"面板。

(3) 选择"Miscellaneous Devices.IntLib"集成元件库。

(4) 在该库中选中需要放置的元件(Res2)，直接双击选中的元件或单击 Place Res2，即可在编辑窗口中进行该元件的放置。

(5) 双击已放置的元件，如电阻"Res2"，系统会弹出相应的"元件模型属性"对话框，如图 2-30 所示。

(6) 在"标识"文本框中输入"R1"，并选中"可见的"复选框。

(7) 完成属性设置后，单击"确定"按钮关闭"元件模型属性"对话框。

2.7　调整元件的位置

元件在开始放置前，其位置一般是大体估计的，并不太准确。在进行连线之前，需要根据原理图的布局原则，按信号的流向从左向右、电源线在上、地线在下，进行整体布局，对元件的位置进行一定的调整，这样便于连线，同时也会使所绘制的电路原理图更为清晰、美观。

元件位置的调整主要包括元件的移动、元件方向的设定、元件的排列等操作。

2.7.1　元件的移动

1. 直接移动对象

选中想要移动的对象(见图 2-37)后，将鼠标指针移动到对象上，当鼠标指针变成移动形状后，按住鼠标左键同时拖动鼠标，选中的对象将随着鼠标指针移动。移动到合适的位置后，松开鼠标左键，对象将完成移动。完成移动操作后，对象仍处于选中状态。

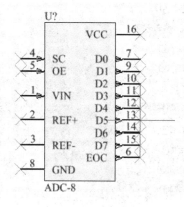

图 2-37　对象的移动

2. 使用工具栏按钮移动对象

使用工具栏按钮移动对象的操作如下：

(1) 选择想要移动的对象。

(2) 单击工具栏上的 ✛ 按钮，鼠标指针将变成十字形状。移动鼠标指针到选中的对象上，单击鼠标左键，元件将随着鼠标指针移动。

(3) 移动鼠标指针到目的位置，单击鼠标左键，完成对象的移动。

若要移动左右两边的元件，但保持中间数码管的位置不变，其方法是：按住"Shift"键的同时选中两个元件，如图 2-38 所示，再次单击其中的一个元件就能将选中的两个元件移动了。

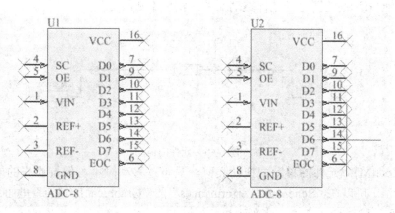

图 2-38　选中两个元件

3. 使用菜单命令移动对象

使用菜单命令虽然比较繁杂，但是有些功能用简单的鼠标操作是难以完成的。选择"编辑"下的"移动"选项，将弹出如图 2-39 所示的"移动"菜单命令，下面详细介绍各命令的功能。

	拖动(D)	
	移动(M)	
✛	移动选择(S)	
↳	通过 X,Y 移动选择...	
	拖动选择(R)	
	移到前面(V)	
	旋转选择(E)	Space
	顺时针旋转选择(L)	Shift+Space
	移到前面(F)	
	送到后面(B)	
	移到前面(O)	
	送到后面(T)	
	Flip Selected Sheet Symbols Along X	
	Flip Selected Sheet Symbols Along Y	
	Toggle All Sheet Entries IO Type In Selected Sheet Symbols	
	颠倒选择的图纸入口序列(V)	
	Toggle Selected Sheet Entries IO Type	
	Swap Selected Sheet Entries Side	

图 2-39　"移动"菜单命令

(1) 拖动(D)：在保持元件之间的电气连接不变的前提下移动元件位置。选择拖动命令后，光标上浮动着十字光标，如图 2-40 所示，此时就可以拖动元件，到达指定位置后，点击左键放置。拖动完成后单击鼠标右键即可退出拖动状态。其实，拖动元件最简单的方法就是按住 "Ctrl" 键的同时用鼠标拖动元件，实现不断线拖动。

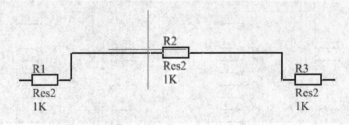

图 2-40　元件的拖动

(2) 移动(M)：元件的移动与拖动类似，只不过移动时不再保持原先的电气关系，如图 2-41 所示。可以在 "Schematic Performances" 的 "Graphical Editing" 里面设置系统默认鼠标按住元件移动时是移动还是拖动。

(3) 移动选择(S)：与"移动"操作类似，只不过先要使移动的元件处于选中状态，然后再执行该命令，单击元件就可以移动了，该操作主要用于多个元件的移动。

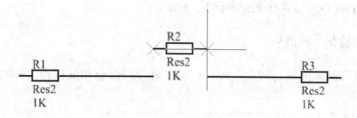

图 2-41　元件的移动

(4) 通过 X,Y 移动选择：执行该命令首先要选中需要移动的元件，选择该命令后会弹出如图 2-42 所示的对话框，在框中填入所需移动的距离，如 X 表示水平移动，右方向为正，Y 表示垂直移动，上方向为正，最后单击"确定"按钮确认，元件即被移动到指定位置。

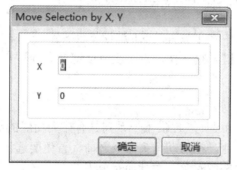

图 2-42　"Move Selection by X，Y"对话框

(5) 拖动选择(R)：该操作与"移动选择"类似，在拖动过程保持电气连接不变。

(6) 移到前面(V)：该操作是针对非电气对象的，如图 2-43 所示，直线与矩形相重叠，矩形置于顶层，此时要将直线移至绘图区的顶层，可选择"移到前面"命令，单击直线，直线就移至绘图区的最顶层。这时直线仍处于浮动状态，可移动鼠标将矩形移动到绘图区的任何位置。

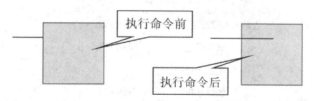

图 2-43　移至最顶层操作

(7) 旋转选择(E)：首先选中对象，然后执行该命令，则选中的元件逆时针旋转 90°，每执行一次该命令，元件便旋转 90°，可多次执行。该命令的快捷键为空格键。

(8) 顺时针旋转选择(L)：首先选中对象，然后执行该命令，则选中的元件顺时针旋转 90°，每执行一次该命令，元件便旋转 90°，可多次执行。该命令的快捷键为"Shift"+空格键。

(9) 移到前面(F)：与"移到前面(V)"命令类似，该命令只能将非电气图件移至最顶层，移完后对象不能水平移动。

(10) 送到后面(B)：与"移到前面(V)"命令类似，只不过是移至所有对象的最下面。

(11) 移到前面(O)：用于当有多个非电气图件重叠时调整各图件的层次关系。

(12) 送到后面(T)：与"移到前面(V)"类似。

2.7.2　元件的旋转与翻转

除了"移动"菜单中的旋转命令外，还可以直接用键盘和鼠标相结合进行旋转，而且元件可以进行翻转。

(1) 元件的 90°旋转：用鼠标左键按住元件不放，此时元件处于悬浮状态，再按空格键则 90°旋转。

(2) 元件的水平翻转：用鼠标左键按住元件不放，此时元件处于悬浮状态，再按 X 键则元件水平镜像翻转。

(3) 元件的垂直旋转：用鼠标左键按住元件不放，此时元件处于悬浮状态，再按 Y 键则元件垂直镜像翻转。

【例 2-6】　将例 2-5 中水平放置的 R1 进行竖直放置。

选定该对象，鼠标左键一直按住，点一次空格键就会旋转 90 度。

2.7.3　元件的排列

Altium Designer 16 为设计者提供了一系列具有排列功能的命令，如图 2-44 所示，使对象的布局更加方便、快捷。在启动排列命令之前，首先要选择需要排列的一组对象，所有排列对齐命令仅针对被选取对象，与其他对象无关。

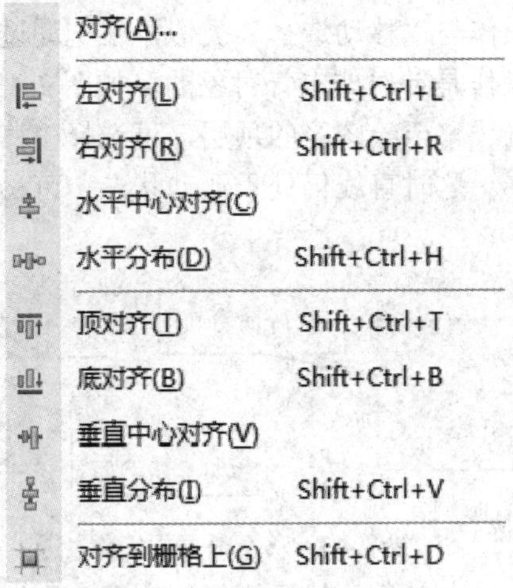

对齐(A)...	
左对齐(L)	Shift+Ctrl+L
右对齐(R)	Shift+Ctrl+R
水平中心对齐(C)	
水平分布(D)	Shift+Ctrl+H
顶对齐(T)	Shift+Ctrl+T
底对齐(B)	Shift+Ctrl+B
垂直中心对齐(V)	
垂直分布(I)	Shift+Ctrl+V
对齐到栅格上(G)	Shift+Ctrl+D

图 2-44　Align 子菜单

1．排列命令

该命令可以将选取的对象在水平和垂直两个方向上同时排列。

(1) 执行菜单命令"编辑"→"对齐"→"对齐"，弹出"排列对象"对话框，如图 2-45 所示。

(2) 选择不同的组合可以快速排列对象。当"按栅格移动"选项选中有效时，可以使没有对准网格的对象与当前网格对齐。

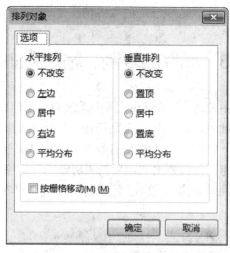

图 2-45 "排列对象"对话框

2. 左对齐

该命令的功能是将选取的对象向最左边的对象对齐。

3. 右对齐

该命令的功能是将选取的对象向最右边的对象对齐。

4. 水平中心对齐

该命令的功能是将选取的对象向最右边对象和最左边对象的中间位置对齐。执行该命令后，各个对象的垂直位置不变，水平方向都汇集在中间位置，所以有可能发生重叠。

5. 水平分布

该命令的功能是将选取的对象在最右边对象和最左边对象之间等间距放置，垂直位置不变。

6. 顶对齐

该命令的功能是将选取的对象向最上面的对象对齐。

7. 底对齐

该命令的功能使将选取的对象向最下面的对象对齐。

8. 垂直中心对齐

该命令的功能是将选取的对象向最上面对象和最下面对象的中间位置对齐。执行该命令后，各个对象的水平位置不变，垂直方向都汇集在中间位置，所以有可能发生重叠。

9. 垂直分布

该命令的功能是将选取的对象在最上面对象和最下面对象之间等间距放置，水平位置不变。

10. 对齐到栅格上

该命令的功能是使未处于网格上的电气点移动到最近的网络中(对象本身作为一个整体也会发生移动)，主要用在放置完电路图对象后，修改过网络参数，造成元件等对象的电气连接点不在栅格点上，给连线造成一定困难等情况下。

2.8　元件的复制、粘贴和删除

Altium Designer 系统中使用了 Windows 操作系统的共用剪贴板，便于用户在不同的应用程序之间进行各种对象的复制、剪切与粘贴等操作，极大地提高了设计效率。

Word 的剪贴板功能十分强大，能够存储若干次剪切或复制到剪贴板的内容，Altium Designer 也采用了这一功能，单击弹出式面板的"剪贴板"标签，将弹出如图 2-46 所示的"剪贴板"面板。若弹出式面板标签栏没有"剪贴板"标签，则可在绘图区右下方的"System"里面选择。

图 2-46　"剪贴板"面板

2.8.1　元件的复制

通过复制或剪切操作可将选中的元件放入到剪贴板中。当元件处于选中状态时，可以通过"编辑"菜单栏的"复制"命令，或单击工具栏的 按钮，或使用快捷键 Ctrl+C 来复制元件。

2.8.2　元件的剪切

当元件处于选中状态时，可通过"编辑"菜单栏的"剪切"命令，或单击工具栏的 按钮，或使用快捷键 Ctrl+X 来剪切元件。此时，原来的元件将不存在。

2.8.3　元件的粘贴

可以通过"编辑"菜单栏的"粘贴"命令，或单击工具栏的 按钮，或使用快捷键 Ctrl+V 粘贴最后一次剪切或复制的内容。

2.8.4　智能粘贴

智能粘贴是 Altium Designer 系统为了进一步提高原理图的编辑效率而新增的一项功能。该功能允许用户在 Altium Designer 系统中或者在其他的应用程序中选择一组对象，将其粘贴在 Windows 剪贴板上，然后根据设置将其转换为不同类型的其他对象，并最终粘贴在目标原理图中，可有效地实现不同文档之间的信号连接以及不同应用中的工程信息转换。

具体操作步骤如下：

(1) 在源应用程序中选取需要粘贴的对象。

(2) 执行"编辑"→"拷贝"命令，将其粘贴在 Windows 剪贴板上。

(3) 打开目标原理图，执行"编辑"→"灵巧粘贴"命令，则系统弹出如图 2-47 所示的"智能粘贴"对话框。

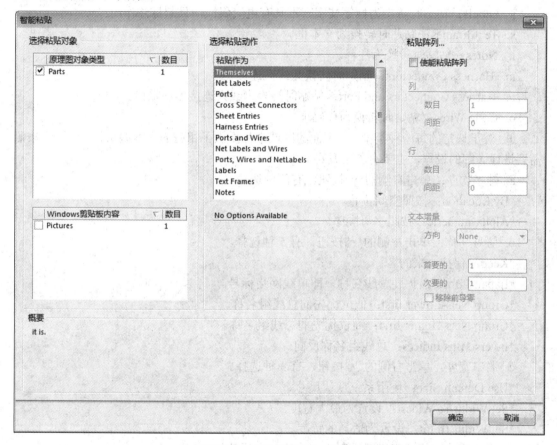

图 2-47　"智能粘贴"对话框

在"智能粘贴"对话框中，可以完成将备份对象进行类型转换的相关设置。

① 选择粘贴对象：用于选择需要粘贴的备份对象。

a. 原理图对象类型：显示原理图中本次选取的各类备份对象，如端口、连线、网络标号、元件、总线等。

b. 数目：显示各类备份对象的数量。

c. Windows 剪贴板内容：显示 Windows 剪贴板上保存的以往内容信息，如图片、文本等。

② 选择粘贴动作：用于设置选择后再粘贴转换成的对象类型。

在"粘贴作为"列表框中列出了 15 种类型，分别介绍如下：

a. Themselves：本身类型，即粘贴时不需要类型转换。

b. Net Labels：粘贴时转换为网络标号。

c. Ports：粘贴时转换为端口。

d. Cross Sheet Connectors：粘贴时转换为 T 形图纸连接器。

e. Sheet Entries：粘贴时转换为图纸入口。

f. Harness Entries：粘贴时转换为线束入口。

g. Ports and Wires：粘贴时转换为带线(总线或导线)端口。

h. Net Labels and Wires：粘贴时转换为带网络标号的导线。

i. Ports,Wires and NetLabels：粘贴时转换为端口、导线和网络标号。

j. Labels：粘贴时转换为标签文字，不具有电气属性，只起标注作用。

k. Text Frames：粘贴时转换为文本框。

l. Notes：粘贴时转换为注释。

m. Harness Connectors：粘贴时转换为线束连接器。

n. Harness Connectors and Port：粘贴时转换为线束连接器和端口。

o. Code Wires：粘贴时转换为代码项。

③ 对于选定的每一种类型，在下面的区域中都提供了相应的文本编辑栏，供用户按照需要进行详细的设置，主要有如下几种。

a. 排序次序：单击右侧的 ▼ 按钮，有两种选择。

*By Location：按照空间位置。

*Alpha-numeric：按照字母顺序。

b. 信号名称：单击右侧的 ▼ 按钮，有 5 种选择。

*Keep：保持原来的名称。

*Expand Buses：扩展总线名称，即单线网络标号。

*Group Nets-Lower first：低位优先的总线组名称。

*Group Nets-Higher first：高位优先的总线组名称。

*Inverse Bus Indices：总线组名称反向。

c. 端口宽度：单击右侧的 ▼ 按钮，有 3 种选择。

*Use Default Size：使用系统默认尺寸。

*Set Width To Widest：设置为最大宽度。

*Set Width To Fit：设置为适当的宽度。

d. 线长度：连线长度设置，用户可以输入具体数值。

【例 2-7】 将图 2-48 所示的一组文字转换为端口。

图 2-48　一组文字

(1) 使端口处于选中状态。

(2) 单击"原理图标准"工具栏上的"拷贝"图标，或单击鼠标右键，执行快捷菜单中的"拷贝"命令，将其复制到剪贴板上。

(3) 在其中的任意一个端口上按下鼠标并拖动，将这组端口拖离当前位置。

(4) 执行"编辑"→"灵巧粘贴"命令，则系统弹出"智能粘贴"对话框。

(5) 在"粘贴作为"列表框中选择"Ports"，此时在下面区域中将出现若干个需用户设置的编辑栏。在"排序次序"下拉列表框中选"By Location"选项，在"信号名称"下拉列表框中选"Keep"选项，在"端口宽度"下拉列表框中选"Set Width To Widest"选项，如图 2-49 所示。

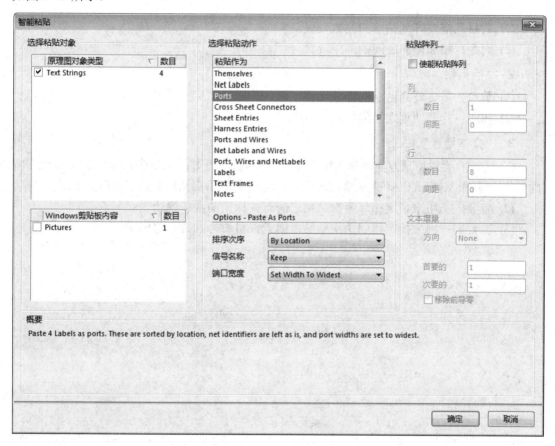

图 2-49　"智能粘贴"设置

(6) 单击"确定"按钮后，关闭"智能粘贴"对话框，此时在窗口中出现了所定义信号端口的虚影，该虚影随着光标而移动，如图 2-50 所示。

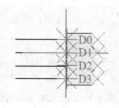

图 2-50　粘贴为端口

(7) 将其移动到原端口的位置处，单击鼠标左键，完成放置。

2.8.5　阵列粘贴

阵列粘贴能够一次性按照设定参数，将某一个对象或对象组重复地粘贴到图纸上，在原理图中需要放置多个相同对象时这一功能很有用。

在系统提供的智能粘贴中包括了阵列粘贴的功能。在"智能粘贴"对话框的右侧有一个"粘贴阵列"区域，选中"使能粘贴阵列"复选框，则阵列粘贴功能被激活，如图 2-51 所示，需要设置的参数如下：

1　"列"栏

(1) 数目：需要阵列粘贴的列数设置。

(2) 间距：相邻两列之间的间距设置。

2.　"行"栏

(1) 数目：需要阵列粘贴的行数设置。

(2) 间距：相邻两列之间的间距设置。

3.　"文本增量"栏

(1) 方向：设置增量方向，有 3 种选择，即 None(不设置)、 Horizontal First(先从水平方向开始增量)和 Vertical First(先从垂直方向开始增量)。选中后两项时，下面的文本框被激活。

(2) 首要的：用来指定相邻两次粘贴之间有关标识的数字递增量。

(3) 次要的：用来指定相邻两次粘贴之间元件引脚号的数字递增量。

图 2-51　阵列粘贴参数

【例 2-8】 对由电阻和电容组成的一组对象进行阵列粘贴，如图 2-52 所示。

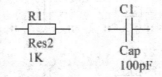

图 2-52 一组对象

(1) 使该组对象处于选中状态。

(2) 单击"原理图标准"工具栏上的"拷贝"图标 ，或单击鼠标右键，执行快捷菜单中的"拷贝"命令，将其复制到剪贴板上。

(3) 打开目标原理图文件，执行"编辑"→"灵巧粘贴"命令，则系统弹出"智能粘贴"对话框。

(4) 选中"原理图对象类型"中显示的 1 个选项，即"Parts"，在"粘贴作为"列表框中选择"Themselves"选项。在"粘贴阵列"栏中选中"使能粘贴阵列"复选框，各项参数设置如图 2-53 所示。

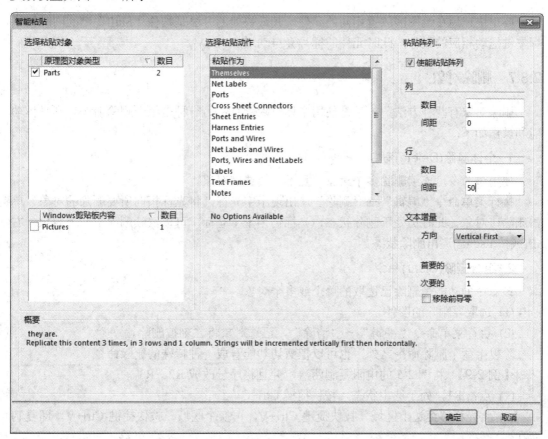

图 2-53 "智能粘贴"对话框设置

(5) 单击"确定"按钮，关闭"智能粘贴"对话框。此时光标变为十字形，并带有一个矩形框，框内有粘贴阵列的虚影，随着光标而移动。

(6) 选择适当位置，单击鼠标左键，完成设置，如图 2-54 所示。

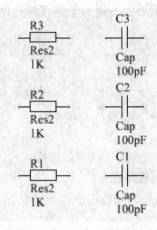

图 2-54　阵列粘贴

2.8.6　其他复制操作

要想快速地在绘图区放置相同的元件，其最快捷的方法是按住"Shift"键的同时用鼠标左键拖动相应的元件，此时元件的标号会自动增加。

2.8.7　删除对象

删除对象有两种方法：一种是使用个体删除命令；另一种是组合删除命令。其具体功能和操作如下：

1. 个体删除(Delete)命令

使用该命令可连续删除多个对象，且不需要选取对象。

执行菜单命令"编辑"→"删除"，出现十字光标，将光标指向所要删除的对象，单击删除该对象。此时仍处于删除状态，光标仍为十字光标，可以继续删除下一个对象，右击(或按 Esc 键)退出删除状态。

2. 组合删除(Clear)命令

该命令的功能是删除已选取的单个或多个对象。

(1) 选取要删除的图件。

(2) 执行菜单命令"编辑"→"清除"，已选对象将立刻被删除。

除以上两个删除命令之外，也可以把剪切功能看成一种特殊的删除命令。

【例 2-9】　将例 2-5 的电阻复制两次，并且将序号改成 R2、R3。

(1) 点击 R1，处于选中状态，按快捷键 Ctrl+C。

(2) 将光标移至边上区域，按快捷键 Ctrl+V，再换个区域，按快捷键 Ctrl+V，即复制两次。

(3) 双击刚刚复制的元件，在弹出的"Component Properties"对话框中将"Designator"改成 R2，再双击另一个元件，将其改成 R3。

2.9 绘制电路原理图

在图纸上放置好所需要的各种元件并且对它们的属性进行相应的编辑之后，根据电路设计的具体要求，将各个元件连接起来，以建立电路的实际连通性。这里所说的连接是具有电气意义的连接，称为电气连接。

电气连接有两种实现方式：一种是直接使用导线将各个元件连接起来，称为物理连接；另一种是逻辑连接，即不需要实际的相连操作，而是通过设置网络标号使得元件之间具有电气连接关系。

2.9.1 原理图连接工具

Altium Designer 系统提供了 3 种对原理图进行连接的操作方法，下面分别进行介绍。

1. 使用菜单命令

执行"放置"命令，弹出的菜单如图 2-55 所示。

在该菜单中提供了放置各种图元的命令，也包括对总线、总线进口、线、网络标号等连接工具以及文本字符串、文本框的放置。

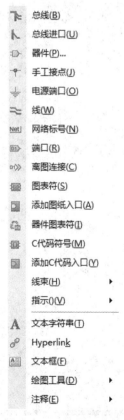

图 2-55 "放置"菜单

2. 使用"布线"工具栏

"放置"菜单中，各项常用命令分别与"布线"工具栏中的图标一一对应，直接单击该工具栏中的相应图标，也可完成相同的功能操作。"布线"工具栏如图 2-56 所示。

图 2-56　"布线"工具栏

3. 使用快捷键

前述各项命令都有相应的快捷键操作，由字符 P 加上每一命令后面的字符即可，如设置网络标号是 P+N，绘制总线进口是 P+U 等。直接在键盘上按快捷键可以大大加快操作速度。

此外，在 Altium Designer 16 系统中，还提供了专用的"快捷方式"面板，将光标移至界面右下角后点击"快捷方式"(见图 2-57)，会弹出如图 2-58 所示的"快捷方式"面板。

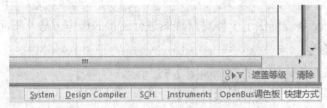

图 2-57　面板标签

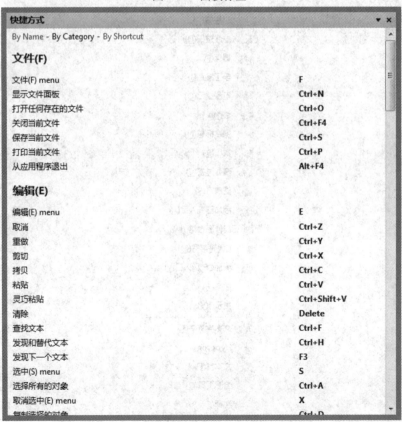

图 2-58　"快捷方式"面板

2.9.2　导线绘制

元件之间的电气连接主要通过导线来完成。导线是电路原理图中最重要也是使用最多的图元，它具有电气连接的意义，不同于一般的绘图连线，后者没有电气连接的意义。

绘制导线一般可以采用以下 3 种方式：

(1) 执行"放置"→"线"命令。

(2) 单击"布线"工具栏中的"放置线"图标 ⌇。

(3) 使用快捷键 P+W。

2.9.3　导线的属性与编辑

在画导线状态下，按 Tab 键，即可打开"线"对话框，如图 2-59 所示。在该对话框中可进行导线设置。

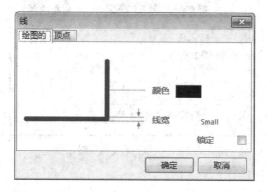

图 2-59　"线"对话框

1. 导线宽度设置

"线宽"项用于设置导线的宽度，单击"线宽"项右边的下拉式箭头，可打开下拉列表，列表中有四项选择，即 Smallest、Small、Medium 和 Large，如图 2-60 所示，分别对应最细、细、中和粗导线。

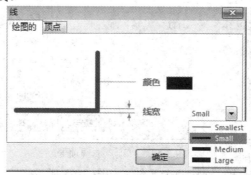

图 2-60　线宽选项

2. 颜色设置

"颜色"项用于设置导线的颜色。单击"颜色"项右边的色块后，屏幕会出现"选择颜色"对话框，如图 2-61 所示。该对话框提供了 240 种预设颜色。选择所要的颜色，单击

"确定"按钮，即可完成导线颜色的设置。用户也可以单击"选择颜色"对话框的"定制的"选项卡，选择自定义颜色。

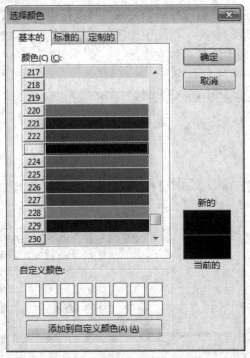

图 2-61　　"选择颜色"对话框

3. "顶点"选项卡

打开"顶点"选项卡，如图 2-62 所示。该选项卡显示了该导线的两个端点以及所有拐点的 X、Y 坐标值。用户可以直接输入具体的坐标值，也可以单击"添加"或"删除"按钮，进行设置更改。

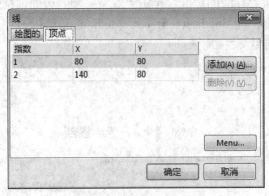

图 2-62　　"顶点"选项卡

【例 2-10】　绘制导线，连接两个元件，如图 2-63 所示。

(1) 执行绘制导线命令后，光标变为十字形。移动光标到欲放置导线的起点位置(一般是元件的引脚)，此时会出现一个红色米字标志，如图 2-63 所示，表示找到了元件的一个电气节点，可从该点开始绘制导线。

图 2-63　绘制导线

(2) 单击鼠标左键，确定导线的起点，拖动鼠标，随之形成一条导线，拖动到要连接的另外一个元件的引脚处，同样会出现一个红色米字标志，如图 2-64 所示。

图 2-64　连接元件

(3) 再次单击鼠标左键确定导线的终点，完成两个元件的连接。单击鼠标右键或按 Esc 键退出导线绘制状态。

(4) 双击所绘制的导线(或在绘制状态下按 Tab 键)，弹出如图 2-60 所示的对话框，设置导线的颜色、宽度等。

2.9.4　放置电源与接地

电源和接地元件可以使用实用工具栏中的电源及接地子菜单上对应的命令来选取，如图 2-65 所示。该子菜单位于实用工具栏中。

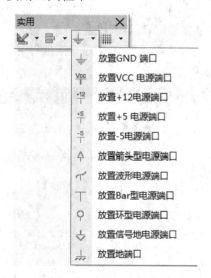

图 2-65　电源及接地子菜单

从该工具栏中可以分别输入常见的电源元件，在图纸上放置了这些元件后，用户还可以对其进行编辑。

VCC 电源与 GND 接地有别于一般电气元件。它们必须通过菜单命令“放置”→“电源端口”或原理图布线工具栏上的按钮 ⏚ 或 ᵛᶜᶜ̖ 来调用，这时编辑窗口中会有一个随鼠标指针移动的电源符号,按 Tab 键,将会出现如图 2-66 所示的"电源端口"对话框,或者在放置了电源元件的图形上,双击电源元件或使用快捷菜单的 Properties 命令,也可以弹出"电源端口"对话框。

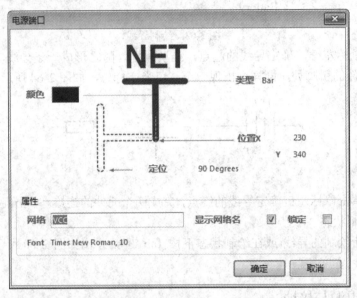

图 2-66   "电源端口"对话框

在"电源端口"对话框中可以编辑电源属性,在"网络"编辑框中可修改电源符号的网络名称;当前符号的放置角度为 270 Degrees(即 270°),该项可以在"定位"编辑框中修改,如图 2-67 所示,这和一般绘制原理图的习惯不太一样,因此在实际应用中常把电源对象旋转 90°放置,而接地对象通常旋转 270°放置;在"位置"编辑框中可以设置电源的精确位置;在"类型"栏中可选择电源类型,电源与接地符号在"类型"下拉列表框中有多种类型可供选择,如图 2-68 所示。

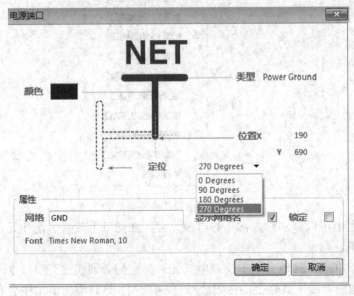

图 2-67   定位选择

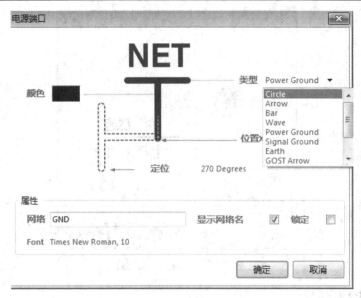

图 2-68 电源的类型

2.9.5 放置节点

在某些情况下，原理图会自动在连线上加上节点(Junction)。但是，有时候需要手动添加，如默认情况下十字交叉的连线是不会自动加上节点的，如图 2-69 所示。

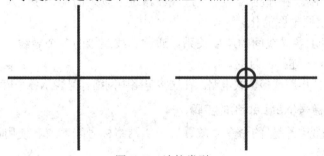

图 2-69 连接类型

若要自行放置节点，可单击电路绘制工具栏上的 ✛ 按钮或执行菜单命令"放置"→"手工节点"，将编辑状态切换到放置节点模式，此时鼠标指针由空心箭头变为大十字，并且中间还有一个小圆点。这时，只需将鼠标指针指向欲放置节点的位置上，然后单击鼠标左键即可。要将编辑状态切换回待命模式，可单击鼠标右键或按下 Esc 键。

在节点尚未放置到图纸中之前按下 Tab 键或是直接在节点上双击鼠标左键，可打开如图 2-70 所示的"连接"对话框。

"连接"对话框包括以下选项：

(1) 位置 X、Y：节点中心点的 X 轴、Y 轴坐标。

(2) 大小：选择节点的显示尺寸，用户可以分别选择节点的尺寸为 Large(大)、Medium(中)、Small(小)和 Smallest(最小)。

(3) 颜色：选择节点的显示颜色。

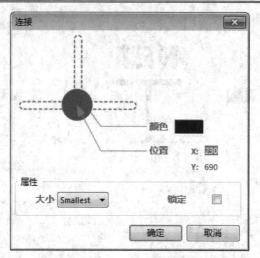

图 2-70　"连接"对话框

2.9.6　放置网络标号

网络标号具有实际的电气连接意义，具有相同网络标号的导线不管图上是否连接在一起，都被视为同一条导线。

1. 网络标号的使用场合

(1) 简化原理图。在连接线路比较远或线路过于复杂而使走线困难时，利用网络标号代替实际走线可使原理图简化。

(2) 连接时表示各导线间的连接关系。通过总线连接的各个导线必须标上相应的网络标号，才能达到电气连接的目的。

(3) 用于层次式电路或多重式电路。在这些电路中网络标号表示各个模块电路之间的连接。

2. 放置网络标号(Net Label)的步骤

(1) 执行放置网络标号的命令"放置"→"网络标号"，或者使用鼠标单击绘制原理图工具栏中的图标 Net 。

(2) 执行放置网络标号的命令后，将光标移到放置网络标号的导线或总线上，光标上产生一个小圆点，表示光标已捕捉到该导线，单击鼠标即可正确放置一个网络标号。

(3) 将光标移到其他需要放置网络标号的位置，继续放置网络标号。单击鼠标右键可结束放置网络标号状态。

在放置过程中，如果网络标号的尾部是数字，则这些数字会自动增加。

3. "网络标签"对话框

在放置网络标号的状态下，如果要编辑所要放置的网络的标号，则可按 Tab 键，将打开"网络标签"对话框，如图 2-71 所示。

(1) 颜色：用来设置网络标号的颜色。

(2) 位置 X 和 Y：设置网络标号所放位置的 X 坐标值和 Y 坐标值。

(3) 定位：设置网络标号放置的方向。将鼠标放置在角度位置，则会显示一个下拉按钮，单击下拉按钮即可打开下拉列表，其中包括四个选项，即 0 Degrees、90 Degrees、180 Degrees 和 270 Degrees，分别表示网络标号的放置方向为 0°、90°、180°和 270°。

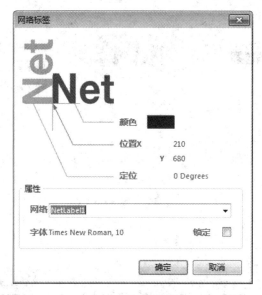

图 2-71　"网络标签"对话框

(4) 网络：设置网络的名称，也可以单击其右边下拉按钮选择一个网络名称。

(5) 字体：设置所要放置文字的字体，单击"字体"右边的区域后将出现"设置字体"对话框。

2.9.7　放置输入、输出端口

在设计原理图时，一个网络与另外一个网络的连接，可以通过实际导线连接，也可以通过放置网络标号使两个网络具有相互连接的电气意义。放置输入、输出端口，同样可以实现两个网络的连接，相同名称的输入、输出端口，可以认为在电气意义上是连接的。输入、输出端口也是层次图设计不可缺少的组件。

1. 放置输入、输出端口的步骤

在执行输入、输出端口命令"Place"→"Port"或单击绘制原理图工具栏里的图标⬚后，光标变成十字状，并且在其上面出现一个输入、输出端口的图标，单击鼠标即可定位输入、输出端口的一端，移动鼠标使输入、输出端口的大小合适，再单击鼠标，即可完成一个输入、输出端口的放置。单击鼠标右键，即可结束放置输入、输出端口状态。

2. 设置输入、输出端口

在放置输入、输出端口的状态下，按 Tab 键，即可开启如图 2-72 所示的对话框。下面介绍该对话框中几个主要选项的内容。

(1) 名称：定义 I/O 端口的名称，具有相同名称的 I/O 端口的线路在电气上是连接在一起的。图中的名称默认值为 Port。

(2) 类型：设定端口外形。I/O 端口的外形一共有 8 种，如图 2-73 所示，此处设定为 Left&Right。

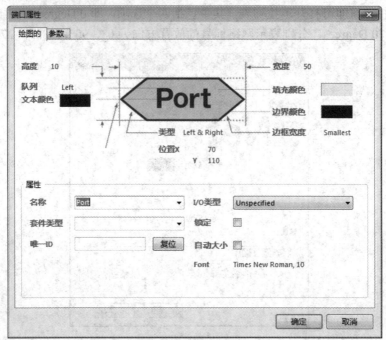

图 2-72　"端口属性"对话框

图 2-73　端口外形

(3) I/O 类型：设置端口的电气特性，即对端口的 I/O 类型进行设置，它会为电气法则测试(ERC)提供依据。例如，在两个同属 Input 输入类型的端口连接在一起的情况下，当采用电气法则进行测试时，会产生错误报告。端口的类型设置有以下四种：

a. Unspecified：未指明或不确定。

b. Output：输出端口型。

c. Input：输入端口型。

d. Bidirectional：双向型。

(4) 队列：共有三种，即 Center、Left 和 Right。

其他项目的设置包括 I/O 端口的宽度、位置、边界颜色、填充颜色以及文本颜色等，用户可以根据自己的要求来设置。

2.10　原理图的注释

在完成原理图绘制后，需要对原理图进行注释以便于今后阅读和检查原理图。原理图注释的标准是准确、简略和美观。

2.10.1　注释工具介绍

原理图的注释大部分是通过"画图"工具栏执行的，该工具栏的功能如表 2-2 所示。

表 2-2　绘图工具栏的按钮及其功能

按　钮	功　　能	按　钮	功　　能
╱	绘制直线	▢	绘制实心直角矩形
⋈	绘制多边形	▢	绘制实心圆角矩形
⌒	绘制椭圆弧线	⬭	绘制椭圆形及圆形
∿	绘制贝塞尔曲线	◖	绘制饼图
A	插入文字	🖼	插入图片
🖹	插入文字框		

2.10.2　绘制直线

绘制直线的具体步骤如下：

(1) 执行菜单命令"Place"→"Drawing Tools"→"Lines"，或单击绘图工具栏上的按钮 ╱。

(2) 在绘制直线模式下，将大十字指针符号移动到直线的起点，单击鼠标左键，然后移动鼠标，屏幕上会出现一条随鼠标指针移动的预拉线。

(3) 单击鼠标右键一次或按 Esc 键一次，则返回到画直线模式，但并没有退出。如果还处于绘制直线模式下，则可以继续绘制下一条直线，直到双击鼠标右键或按两次 Esc 键退出绘制状态。

(4) 如果在绘制直线的过程中按下 Tab 键，或在已绘制好的直线上双击鼠标左键，即可打开如图 2-74 所示的"PolyLine"对话框，从中可以设置该直线的一些属性，包括线宽(有 Smallest、Small、Medium、Large 几种)、线种类(有实线 Solid、虚线 Dashed 和点线 Dotted 几种)和颜色。

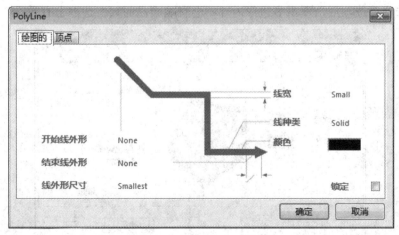

图 2-74　"PolyLine"对话框

2.10.3 绘制多边形

所谓多边形(Polygon)，是指利用鼠标指针依次定义出图形的各个边角所形成的封闭区域。

1. 执行绘制多边形命令

绘制多边形可通过执行菜单命令"Place"→"Drawing Tools"→"Polygon"，或单击工具栏上的按钮 ⊠，将编辑状态切换到绘制多边形模式。

2. 绘制多边形

执行此命令后，鼠标指针旁边会多出一个大十字符号。首先在待绘制图形的一个角击鼠标左键，然后移动鼠标到第二个角单击鼠标左键形成一条直线，再移动鼠标，这时会出现一个随鼠标指针移动的预拉封闭区域。现在依次移动鼠标到待绘制图形的其他角单击左键。如果单击鼠标右键，则会结束当前多边形的绘制，进入下一个绘制多边形的过程。如果要将编辑模式切换回待命模式，则可再单击鼠标右键或按下 Esc 键。绘制的多边形如图 2-75 所示。

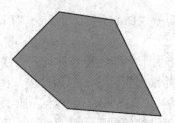

图 2-75 绘制的多边形

3. 编辑多边形属性

如果在绘制多边形的过程中按下 Tab 键，或是在已绘制好的多边形上双击鼠标左键，则会打开如图 2-76 所示的"多边形"对话框。在该对话框中可设置该多边形的一些属性，如边框宽度(有 Smallest、Small、Medium、Large 几种)、边界颜色、填充颜色、拖拽实体和透明的(选中该选项后，双击多边形内部不会有响应，而只在边框上有效)。

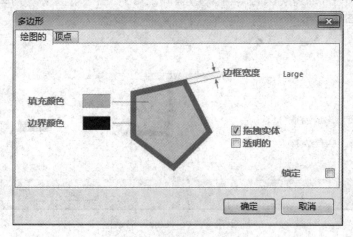

图 2-76 "多边形"对话框

　　如果直接用鼠标左键单击已绘制好的多边形，则可使其进入选取状态，此时多边形的各个角都会出现控制点，可以通过拖动这些控制点来调整该多边形的形状。此外，也可以直接拖动多边形本身来调整其位置。

2.10.4　绘制圆弧与椭圆弧

1. 执行绘制圆弧与椭圆弧命令

　　绘制圆弧可通过菜单命令"Place"→"Drawing Tools"→"Arc"，将编辑模式切换到绘制圆弧模式。绘制椭圆弧可使用菜单命令"Place"→"Drawing Tools"→"Elliptic Arc"或单击工具栏上的按钮 ◌ 。

2. 绘制图形

　　绘制圆弧和椭圆弧的操作方式类似。

　　(1) 绘制圆弧。绘制圆弧的操作过程如下：

　　首先在待绘制图形的圆弧中心处单击鼠标左键，然后移动鼠标会出现圆弧预拉线。接着调整好圆弧半径，单击鼠标左键，指针会自动移动到圆弧缺口的一端，调整好其位置后单击鼠标左键，指针会自动移动到圆弧缺口的另一端，调整好其位置后单击鼠标左键，就结束了该圆弧的绘制，并进入下一个圆弧的绘制过程。下一个圆弧的默认半径为刚才绘制的圆弧半径，开口也一致。

　　结束绘制圆弧操作后，单击鼠标右键或按下 Esc 键，即可将编辑模式切换回等待命令模式。

　　(2) 绘制椭圆弧。椭圆弧与圆弧略有不同，圆弧实际上是带有缺口的标准圆形，而椭圆弧则为带有缺口的椭圆形。所以采用绘制椭圆弧的方法也可以绘制出圆弧。绘制椭圆弧的操作过程如下：

　　首先在待绘制图形的椭圆弧中心点处单击鼠标左键，然后移动鼠标，此时会出现椭圆弧预拉线。接着调整好椭圆弧 X 轴半径后单击鼠标左键，移动鼠标调整好椭圆弧 Y 轴半径后单击鼠标左键，指针会自动移动到椭圆弧缺口的一端，调整好其位置后单击鼠标左键，指针会自动移动到椭圆弧缺口的另一端，调整好其位置后单击鼠标左键，就结束了该椭圆弧的绘制，同时进入下一个椭圆弧的绘制过程。

3. 编辑图形属性

　　如果在绘制圆弧或椭圆弧的过程中按下 Tab 键，或者单击已绘制好的圆线或椭圆弧，则可打开其属性对话框。"Arc"和"Elliptical Arc"对话框的内容差不多，分别如图 2-77和图 2-78 所示，只不过"Arc"对话框中控制半径的参数只有 Radius 一项，而"Elliptical Arc"对话框中则有 X-Radius、Y-Radius(X 轴、Y 轴半径)两项。其他的属性有 Location X、Y(中心点的 X 轴、Y 轴坐标)，Line Width(线宽)，Start Angle(缺口起始角度)，End Angle(缺口结束角度)，Color(线条颜色)。

　　如果用鼠标左键单击已绘制好的圆弧或椭圆弧，则可使其进入选取状态，此时其半径及缺口端点会出现控制点，拖动这些控制点即可调整圆弧或椭圆弧的形状。此外，也可以直接拖动圆弧或椭圆弧本身来调整其位置。

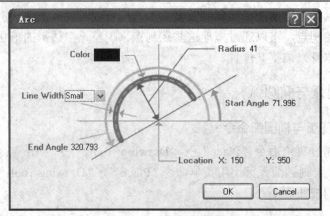

图 2-77　"Arc" 对话框

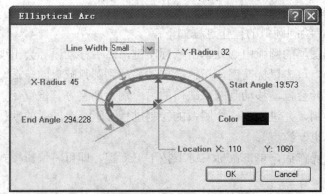

图 2-78　"Elliptical Arc" 对话框

2.10.5　绘制 Bezier 曲线

1. 执行绘制 Bezier 曲线命令

Bezier 曲线的绘制可以通过执行菜单命令 "Place" → "Drawing Tools" → "Bezier" 或单击绘图工具栏上的按钮 $\sqrt{\lambda}$。

2. 绘制 Bezier 曲线

当激活该命令后，将在鼠标边上出现一个大十字，此时可以在图纸上绘制曲线，当确定第一点后，系统会要求确定第二点，确定的点数大于或等于 2，就可以生成曲线，当只有两点时，就生成了一直线。确定了第二点后，可以继续确定第三点，一直可以延续下去，直到用户单击鼠标右键结束。

如果选中 Bezier 曲线，则会显示绘制曲线时生成的控制点，这些控制点其实就是绘制曲线时确定的点。

3. 编辑 Bezier 曲线

如果想编辑曲线的属性，则可以使用鼠标双击曲线，或选中曲线后单击鼠标右键，从快捷菜单中选取 Properties 命令，就可以进入 "Bezier" 对话框，如图 2-79 所示。图中，"Curve Width" 下拉列表用来选择曲线的宽度，"Color" 编辑框用来设置曲线的颜色。

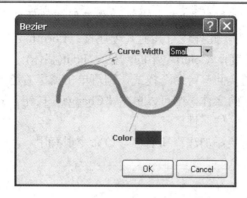

图 2-79　Bezier 曲线属性对话框

2.10.6　放置注释文字

1. 执行放置注释文字命令

要在绘图页上加上注释文字(Text String)，可以通过执行菜单命令"Place"→"Text String"或单击工具栏上的按钮 **A**，将编辑模式切换到放置注释文字模式。

2. 放置注释文字

执行此命令后，鼠标指针旁边会多出一个大十字和一个虚线框，在想放置注释文字的位置单击鼠标左键，绘图页面中就会出现一个名为"Text"的字串，并进入下一个操作过程。

3. 编辑注释文字

如果在完成放置动作之前按下 Tab 键，或者直接在"Text"字串上双击鼠标左键，则可打开"Annotation"(注释文字属性)对话框，如图 2-80 所示。

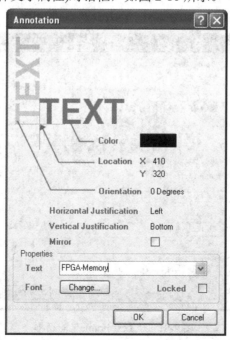

图 2-80　"Annotation"对话框

在此对话框中最重要的属性是"Text"栏，它负责保存显示在绘图页中的注释文字串(只能是一行)，并且可以修改。此外还有其他几项属性：Location X、Y(注释文字的坐标)，Orientation(字串的放置角度)，Color(字串的颜色)，Font(字体)。

如果要将编辑模式切换回等待命令模式，则可单击鼠标右键或按下 Esc 键。

如果想修改注释文字的字体，则可以单击"Change"按钮，系统将弹出一个字体设置对话框，此时可以设置字体的属性。

当制作元件库时，需要添加注释和名称，该命令很有用。

2.10.7　放置文本框

1. 执行放置文本框命令

要在绘图页上放置文本框可通过菜单命令"Place"→"Text Frame"或单击工具栏上的按钮▣，将编辑状态切换到放置文本框模式。

2. 放置文本框

前面所介绍的注释文字仅限于一行的范围，如果需要多行注释文字，则必须使用文本框(Text Frame)。

执行放置文本框命令后，鼠标指针旁边会多出一个大十字符号，在需要放置文本框的一个边角处单击鼠标左键，然后移动鼠标就可以在屏幕上看到一个虚线的预拉框，用鼠标左键单击该预拉框的对角位置，就结束了当前文本框的放置过程，并自动进入下一个放置过程。

3. 编辑文本框

如果在完成放置文本框的动作之前按下 Tab 键，或者直接用鼠标左键双击文本框，则会打开"Text Frame"对话框，如图 2-81 所示。

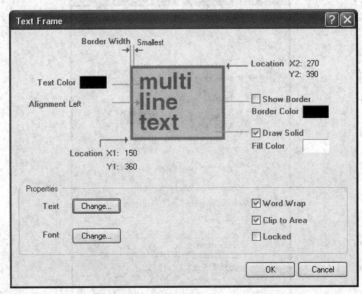

图 2-81　"Text Frame"对话框

在这个对话框中最重要的选项是"Text"栏，它负责保存显示在绘图页中的注释文字串，在此处并不局限于一行。单击"Text"栏右边的"Change"按钮可打开一个"Text Frame Text"窗口，这是一个文字编辑窗口，可以在该窗口中编辑显示字串。

在"Text Frame"对话框中还有其他选项，如 Location X1、Y1(文本框左下角坐标)，Location X2、Y2(文本框右上角坐标)，Border Width(边框宽度)，Border Color(边框颜色)，Fill Color(填充颜色)，Text Color(文本颜色)，Font(字体)，Draw Solid(设置为实心多边形)，Show Border(设置是否显示文本框边框)，Alignment Left(文本框内文字对齐的方向)，Word Wrap(设置字回绕)，Clip to Area(当文字长度超出文本框宽度时自动截去超出部分)。

如果直接用鼠标左键单击文本框，则可使其进入选中状态，同时出现一个环绕整个文本框的虚线边框，此时可直接拖动文本框本身来改变其放置的位置。

2.10.8　绘制矩形

这里的矩形分为直角矩形(Rectangle)与圆角矩形(Round Rectangle)，它们的差别在于矩形的四个边角是否由椭圆弧所构成。除此之外，这二者的绘制方式与属性均十分相似。

1. 执行绘制矩形命令

绘制直角矩形可通过菜单命令"Place"→"Drawing Tools"→"Rectangle"或单击工具栏上的按钮▢。绘制圆角矩形可通过菜单命令"Place"→"Drawing Tools"→"Round Rectangle"或单击工具栏上的按钮▢。

2. 绘制矩形

执行绘制矩形命令后，鼠标指针旁边会多出一个大十字符号，在待绘制矩形的一个角上单击鼠标左键，接着移动鼠标到矩形的对角，再单击鼠标左键，即完成当前这个矩形的绘制过程，同时进入下一个矩形的绘制过程。

若要将编辑模式切换回等待命令模式，则可在此时单击鼠标右键或按下 Esc 键。绘制的矩形和圆角矩形如图 2-82 所示。

图 2-82　绘制的矩形和圆角矩形

3. 编辑修改矩形属性

在绘制矩形的过程中按下 Tab 键，或者直接用鼠标左键双击已绘制好的矩形，就会打开如图 2-83 所示的"Rectangle"对话框或如图 2-84 所示的"Round Rectangle"对话框。

圆角矩形比直角矩形多两个属性 X-Radius 和 Y-Radius，它们是圆角矩形四个椭圆角的 X 轴与 Y 轴半径。除此之外，直角矩形与圆角矩形共有的属性包括：Location X1、Y1(矩形左下角坐标)，Location X2、Y2(矩形右上角坐标)，Border Width(边框宽度)，Border Color(边框颜色)，Fill Color(填充颜色)和 Draw Solid(设置为实心多边形)。

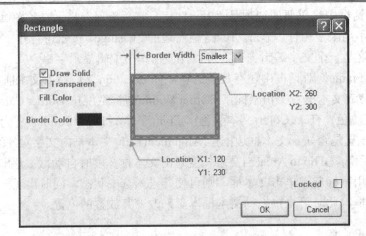

图 2-83　"Rectangle"对话框

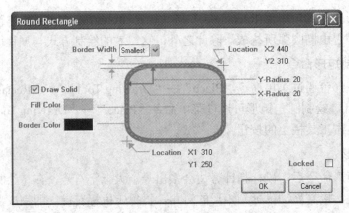

图 2-84　"Round Rectangle"对话框

　　如果直接用鼠标左键单击已绘制好的矩形，则可使其进入选中状态，在此状态下可以通过移动矩形本身来调整其放置的位置。在选中状态下，直角矩形的四个角和各边的中点都会出现控制点，可以通过拖动这些控制点来调整该直角矩形的形状。对于圆角矩形来说，除了上述控制点之外，在矩形的四个角内侧还会各出现一个控制点，如图 2-85 所示，这是用来调整椭圆弧的半径的。

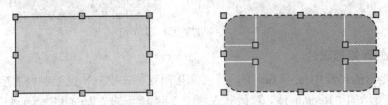

图 2-85　矩形和圆角矩形的控制点

2.10.9　绘制圆与椭圆

1. 执行绘制椭圆或圆命令

　　绘制椭圆(Ellipse)，可通过菜单命令"Place"→"Drawing Tools"→"Ellipse"或单击

工具栏上的按钮 ⬭ ，将编辑状态切换到绘制椭圆模式。由于圆就是 X 轴与 Y 轴半径一样大的椭圆，因此利用绘制椭圆的工具即可绘制出标准的圆。

2. 绘制圆与椭圆

执行绘制椭圆命令后，鼠标指针旁边会多出一个大十字符号，首先在待绘制图形的中心点处单击鼠标左键，然后移动鼠标会出现预拉椭圆形，分别在适当的 X 轴半径处与 Y 轴半径处单击鼠标左键，即完成该椭圆形的绘制，同时进入下一次绘制过程。如果设置的 X 轴与 Y 轴的半径相等，则可以绘制圆。

此时如果希望将编辑模式切换回等待命令模式，则可单击鼠标右键或按下键盘上的 Esc 键。绘制的图形如图 2-86 所示。

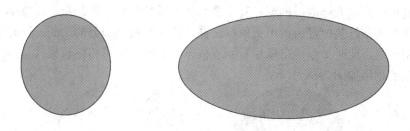

图 2-86　绘制的圆和椭圆

3. 编辑图形属性

如果在绘制椭圆形的过程中按下 Tab 键，或是直接用鼠标左键双击已绘制好的椭圆形，则可打开如图 2-87 所示的 "Ellipse" 对话框。可以在此对话框中设置该椭圆形的一些属性，如 Location X、Y(椭圆形的中心点坐标)，X-Radius、Y-Radius(椭圆的 X 轴与 Y 轴半径)，Border Width(边框宽度)，Border Color(边框颜色)，Fill Color(填充颜色)，Draw Solid(设置为实心多边形)。

如果想将一个椭圆改变为标准圆，则修改 X-Radius 和 Y-Radius 编辑框中的数值，使之相等即可。

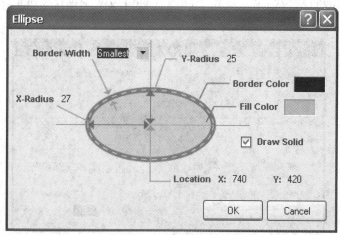

图 2-87　"Ellipse" 对话框

2.10.10　绘制扇形

1. 执行绘制扇形命令

所谓扇形(Pie Charts)，就是有缺口的圆形。若要绘制扇形，则可通过菜单命令"Place"→"Drawing Tools"→"Pie Chart"或单击工具栏上的按钮 ，将编辑模式切换到绘制扇形模式。

2. 绘制扇形

执行绘制扇形命令后，鼠标指针旁边会多出一个扇形，首先在待绘制图形的中心处单击鼠标左键，然后移动鼠标会出现预拉扇形。调整好扇形半径后单击鼠标左键，鼠标指针会自动移到扇形缺口的一端，调整好其位置后单击鼠标左键，鼠标指针会自动移到扇形缺口的另一端，调整好其位置后再单击鼠标左键，即可结束该扇形的绘制，同时进入下一个扇形的绘制过程。此时如果单击鼠标右键或按下 Esc 键，则可将编辑模式切换回等待命令模式。绘制的扇形如图 2-88 所示。

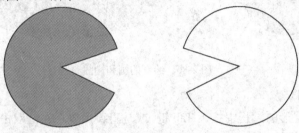

图 2-88　绘制的饼图

3. 编辑扇形

如果在绘制扇形过程中按下 Tab 键，或者直接用鼠标左键双击已绘制好的扇形，则可打开如图 2-89 所示的"Pie Chart"对话框。在该对话框中可设置如下属性：Location X、Y(中心点的 X 轴、Y 轴坐标)，Radius(半径)，Border Width(边框宽度)，Start Angle(缺口起始角度)，End Angle(缺口结束角度)，Border Color(边框颜色)，Color(填充颜色)，Draw Solid(设置为实心扇形)。

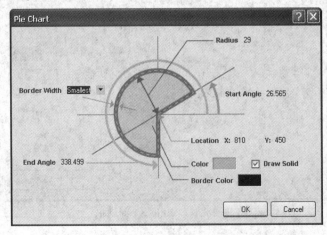

图 2-89　"Pie Chart"对话框

习　题

1. 新建设计工程文件"design2.PrjPcb"，在此工程下新建原理图文档和 PCB 图文档，所有名称均采用系统默认名 Sheet1.SchDoc、PCB1.PcbDoc。

2. 将 1 题中的"Sheet1.SchDoc"更名为"原理图 1.SchDoc"，将"PCB1.PcbDoc"更名为"Dianluban.PcbDoc"。

3. 在 1 题的工程下新建名为"练习 2.SchDoc"的原理图文件，文件的图样参数的具体设置如下：

(1) 自定义图样尺寸：图样宽度为 1200，高度为 800，边框的宽度为 50，水平参考边框分成 4 等份，垂直参考边框分成 2 等份。

(2) 图样的放置方向为垂直方向。

(3) 隐藏标题栏。

(4) 工作区的颜色设置为 229 号色。

4. 在 1 题的工程下新建名为"练习 2.SchDoc"的原理图文件，文件的图样参数具体设置如下：

(1) 图样尺寸为 A3。

(2) 标题栏类型选择为 ANSI。

(3) 图样的放置方向为垂直方向。

(4) 图样边框的颜色设置为 235 号色，工作区的颜色设置为 23 号色。

5. 绘制一张运算放大器应用电路原理图，图纸外框尺寸选 A4，如图 2-90 所示。

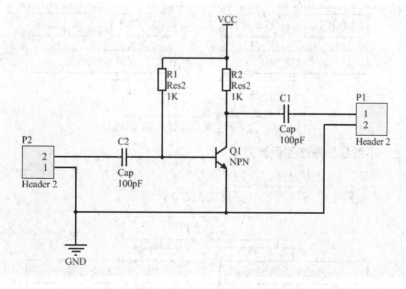

图 2-90　运算放大器应用电路原理图

第 3 章　层次原理图的设计

一个非常庞大的原理图，可称之为项目，不可能将它一次完成，也不可能将这个原理图画在一张图纸上，更不可能由一个人单独完成。Altium Designer 提供了一个很好的项目设计工作环境，整个原理图可划分为多个功能模块。这样，整个项目可以分层次并行设计，从而加快设计进程。由此产生了原理图的层次设计，使得设计进程得以大大加快。

3.1　层次原理图的设计方法

层次原理图的设计方法实际上是一种模块化的设计方法，用户可以将系统划分为多个子系统，子系统又可划分为若干个功能模块，功能模块再细分为若干个基本模块。设计好基本模块并定义好模块之间的连接关系，即可完成整个设计过程。

设计时，可以从系统开始逐级向下进行，也可以从基本模块开始逐级向上进行，还可以调用相同的原理图重复使用。

1. 自下而上的层次原理图设计方法

所谓自下而上，就是由原理图(基本模块)产生电路方块图，因此用自下而上的方法来设计层次原理图时，首先需要放置基本模块的原理图，其流程如图 3-1 所示。

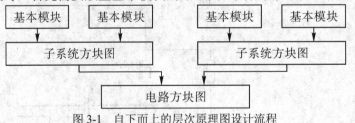

图 3-1　自下而上的层次原理图设计流程

2. 自上而下的层次原理图设计方法

所谓自上而下，就是由电路方块图产生原理图，因此用自上而下的方法来设计层次原理图时，首先应放置电路方块图，其流程如图 3-2 所示。

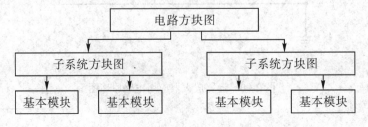

图 3-2　自上而下的层次原理图设计流程

3.2　自下而上的层次原理图的设计

在电子产品的开发过程中，采用不同的逻辑模块进行不同的组合，会形成功能完全不同的电子产品系统。用户完全可以根据自己的设计目标，先选取或者先设计若干个不同功能的逻辑模块，之后通过灵活组合，最终形成符合设计需求的完整电子系统，这个过程可以借助于自下而上的层次设计方式来完成。

自下而上的层次原理图设计方法是先绘制实际电路图作为子图，再由子图生成子图符号。子图中需要放置各子图建立连接关系用的 I/O 端口。

【例 3-1】　电话遥控开关电路层次设计。

(1) 建立项目。

① 执行菜单命令"文件"→"新建"→"Project"→"PCB Project"，建立工程"电话遥控开关电路层次设计 1.PrjPcb"。

② 执行菜单命令"文件"→"新建"→"Schematic"，为项目新添加 3 张原理图纸并分别命名为"母图 1.SchDoc"、"Power1.SchDoc"和"YKKG1.SchDoc"。

(2) 绘制子图。

参照图 3-3 和图 3-4 完成两张原理图的绘制。

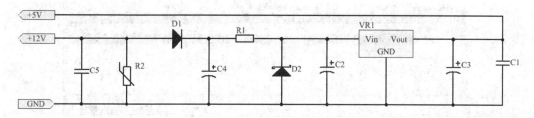

图 3-3　子图 Power1.SchDoc

(3) 由子图生成子图符号。

① 将"母图 1.SchDoc"置为当前文件。

② 执行菜单命令"设计"→"HDL 文件或图纸生成图表符"，弹出"Choose Document to Place"(选择文件)对话框，如图 3-5 所示(当前文件不会出现在对话框中)。将光标移至文件名"YKKG1.SchDoc"上，单击选中该文件(高亮状态)。

③ 单击"OK"按钮确认，系统生成代表原理图的子图符号，如图 3-6 所示。

④ 在图纸上单击鼠标左键，将其放置在图纸上。采用同样的方法将"Power1.SchDoc"生成的子图符号放置在图纸上，如图 3-7 所示。

⑤ 子图符号中图纸符号和图纸入口的编辑方法如前所述。需要注意的是，生成如图 3-7 所示的子图符号时，图纸入口的箭头都向右，需要进行编辑才能使其端口和原理图中的端口排列方式相同。最后用导线将两个子图符号连接起来，如图 3-8 所示，保存，完成自下而上的层次设计。

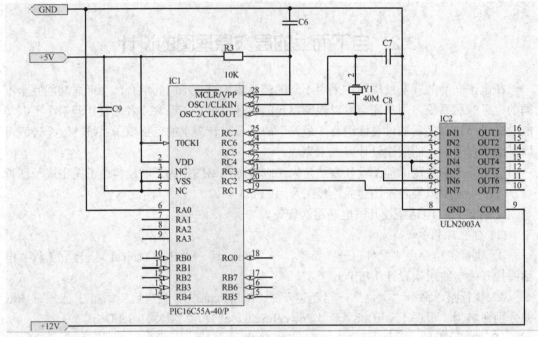

图 3-4　子图 YKKG1.SchDoc

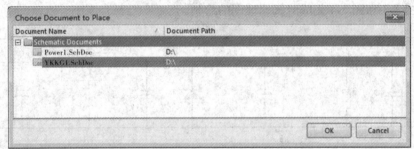

图 3-5　"Choose Document to Place"对话框

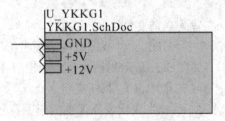

图 3-6　YKKG1.SchDoc 生成的子图符号

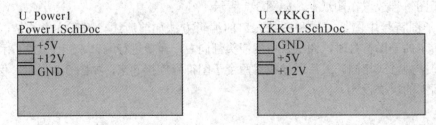

图 3-7　由原理图生成的子图符号

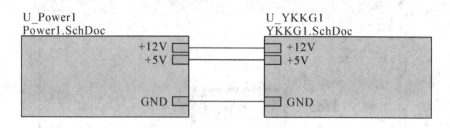

图 3-8 完成的母图

3.3 自上而下的层次原理图的设计

在采用自上而下设计层次原理图时，首先建立方块电路(即母图)，再制作该方块电路相对应的原理图(即子图)文件。而在制作原理图时，其 I/O 端口符号必须和方块电路的 I/O 端口符号相对应。Altium Designer 提供了一条捷径，即由方块电路端口符号直接产生原理图的端口符号。

下面仍然以"电话遥控开关电路"的电路设计为例，简要介绍自上而下进行层次设计的操作步骤。

根据前面的设计，电话遥控开关电路由两个功能模块来具体实现，每一功能模块都涉及一个子原理图，首先应完成顶层原理图的绘制。

1. 绘制顶层原理图

(1) 执行菜单命令"文件"→"新建"→"Project"→"PCB Project"，新建工程"电话遥控开关电路层次设计 1.PrjPcb"，再执行菜单命令"文件"→"新建"→"Schematic"，在工程中添加一个电路原理图文件，将其保存为"母图 1.SchDoc"，并设置好图纸参数。

(2) 将"母图 1.SchDoc"原理图置为当前文件，执行"放置"→"图表符"命令或者单击"布线"工具栏中的"放置图标符"图标 ▦，光标变为十字形，并带有一个方块形状的图表符。

(3) 单击鼠标确定方块的一个顶点，移动鼠标到适当位置，再次单击确定方块的另一个顶点，即完成了图标符的放置，如图 3-9 所示。

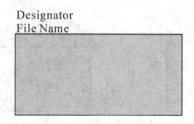

图 3-9 放置图标符

(4) 双击所放置的图标符(或在放置状态下按 Tab 键)，打开"方块符号"对话框，如图 3-10 所示，在该对话框中可以设置相关的属性参数。

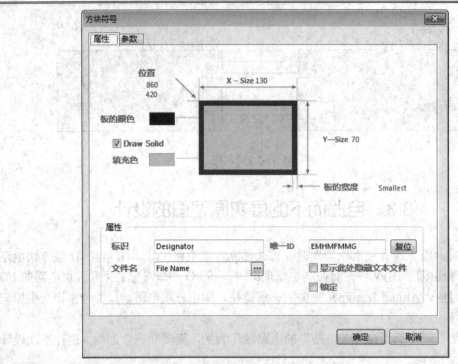

图 3-10 "方块符号"对话框

(5) 在图 3-10 中，在"标识"文本框中输入图标符标识"U_Power1"，在"文件名"文本框中输入所代表的子原理图文件名"Power1.SchDoc"，并设置是否隐藏以及锁定等。设置后的图标符如图 3-11 所示。

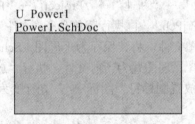

图 3-11 设置后的图标符

(6) 按照同样的操作，放置另外一个图标符，并设置好相应的属性，如图 3-12 所示。

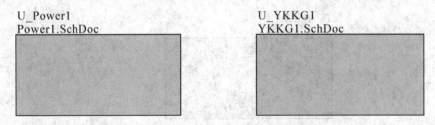

图 3-12 放置 2 个图标符

(7) 执行"放置"→"添加图纸入口"命令或者单击"布线"工具栏中的"放置图纸入口"图标 ，光标变为十字形，并带有一个图纸入口的虚影。

(8) 移动光标到图标符的内部，图纸入口清晰出现，沿着图标符内部的边框，随光标的移动而移动。在适当的位置单击鼠标左键即完成放置。连续操作，可放置多个图纸入口，如图 3-13 所示。

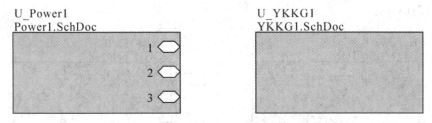

图 3-13　放置图纸入口

(9) 双击所放置的图纸入口(或在放置状态下按 Tab 键)，打开如图 3-14 所示的"方块入口"对话框，在该对话框中可以设置图纸入口的相关属性。

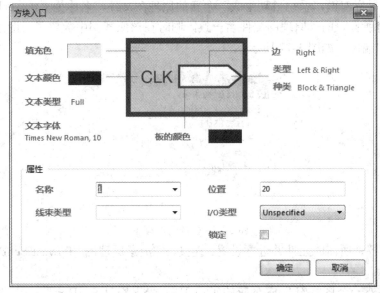

图 3-14　"方块入口"对话框

(10) 设置完毕，单击"确定"按钮，关闭对话框。

(11) 进行连续操作，放置所有的图纸入口，并进行属性设置。调整图表符及图纸入口的位置，最后使用导线将对应的图纸入口连接起来，完成顶层原理图的绘制，如图 3-15 所示。

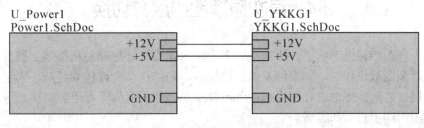

图 3-15　顶层原理图

2. 产生图纸并绘制子原理图

(1) 执行"设计"→"产生图纸"命令，光标变为十字形，移动光标到某一图标符内部，如图 3-16 所示。

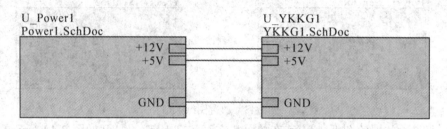

图 3-16　十字光标移动到图标符内

(2) 单击鼠标左键，系统自动生成一个新的原理图文件，名称为"Power1.SchDoc"，与相应图标符所代表的子原理图文件名一致，同时在该原理图中放置了与图纸入口相对应的输入、输出端口，如图 3-17 所示。

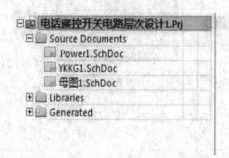

图 3-17　生成子原理图

(3) 放置各种所需的元件并进行设置、连接，完成子原理图"Power1.SchDoc"的绘制，如图 3-3 所示。

(4) 由另外一个图标符生成对应的子原理图"YKKG1.SchDoc"，绘图完成后，如图 3-4 所示。

一般来说，自上而下和自下而上的层次设计方法都是切实可行的，用户可以根据自己的习惯和具体的设计需求选择使用。

3.4　层次原理图的层次切换

层次原理图结构清晰明了，比简单的多电路原理图设计更容易从整体上把握系统的功能。在进行多图纸设计时，如果涉及的层次较多，则结构会变得较为复杂。为了便于用户在复杂的层次之间方便地进行切换，Altium Designer 系统提供了专用的切换命令，可实现多张原理图的同步查看和编辑。

下面仍然以"电话遥控开关电路"的电路设计为例，使用层次切换的命令来完成层次之间切换的具体操作。

(1) 打开工程"电话遥控开关电路层次设计 1.PrjPcb"。

(2) 在顶层原理图"母图 1.SchDoc"中执行"工具"→"上/下层切换"命令，或者单击"原理图标准"工具栏中的 ┅ 按钮，光标变为十字形。

(3) 移动光标到某一个图标符上，单击鼠标左键，对应的子原理图被打开并显示在编辑窗口中，此时光标仍为十字形，处于切换状态中，如图 3-18 所示。

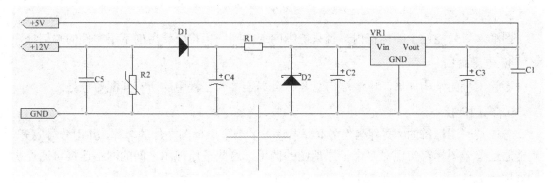

图 3-18　切换到子原理图

(4) 若移动光标到某一端口如"+5V"上，单击鼠标左键，则返回顶层原理图"母图1.SchDoc"，具有相同名称的图纸入口被高亮显示，其余对象处于掩膜状态，如图 3-19所示。

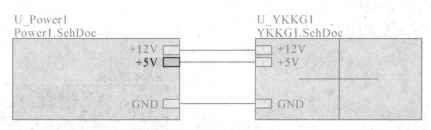

图 3-19　切换回顶层原理图

3.5　层次原理图设计的连通性

在单个原理图中，两点之间的电气连接可以直接使用导线，也可以通过设置相同的网络标号来完成，而在多图纸设计中，则涉及了不同图纸之间的信号连通性。这种连通性包括横向连接和纵向连接两个方面：对于位于同一层次上的子原理图来说，它们之间的信号连通就是一种横向连接，而不同层次之间的信号连通则是纵向连接。不同的连通性可以采用不同的网络标识符来实现，常用到的网络标识符有如下几种。

1. 网络标号

网络标号一般仅用于单个原理图内部的网络连接。在进行多图纸设计时，在整个工程中完全没有端口和图纸入口的情况下，Altium Designer 系统自动将网络标号提升为全局的网络标号，在匹配的情况下可进行全局连接，而不再仅限于单个图纸。

2. 端口

端口主要用于多个图纸之间的交互连接。在进行多图纸设计时，既可用于纵向连接，也可用于横向连接。纵向连接时，只能连接子图纸和上层图纸之间的信号，并且需和图纸入口匹配使用；而当设计中只有端口，没有图纸入口时，系统会自动将端口提升为全局端口，从而忽略多层次的结构，把工程中的所有匹配端口都连接在一起，形成横向连接。

3. 图纸入口

图纸入口只能位于图标符内，且只能纵向连接到图标符所调用的下层文件的端口处。

4. 电源端口

不管工程的结构如何，电源端口总是会全局连接到工程中的所有匹配对象处。

5. 离图连接

若在某一图标符的"文件名"文本框中输入多个子原理图文件的名称，并用分号隔开，则能通过单个图标符实现对多个子原理图的调用，这些子原理图之间的网络连接可通过离图连接来实现。

习　　题

绘制层次原理图。

(1) 顶层电路图如图 3-20 所示。

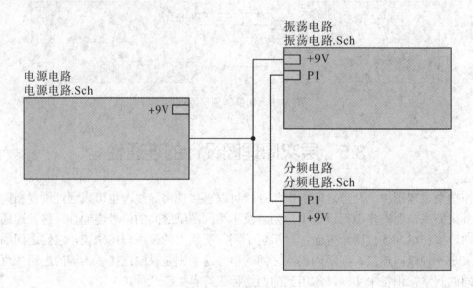

图 3-20　顶层电路图

(2) 子电路图。

① 电源电路如图 3-21 所示。

② 振荡电路如图 3-22 所示。

③ 分频电路如图 3-23 所示。

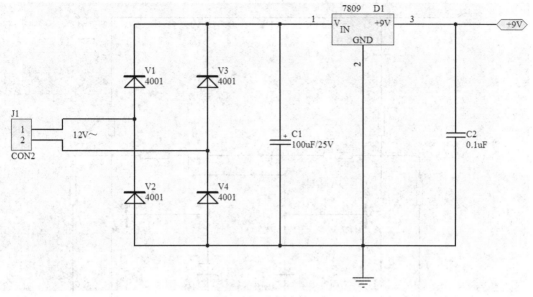

图 3-21　电源电路

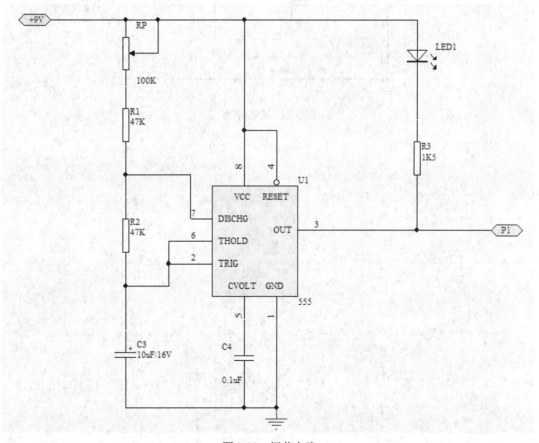

图 3-22　振荡电路

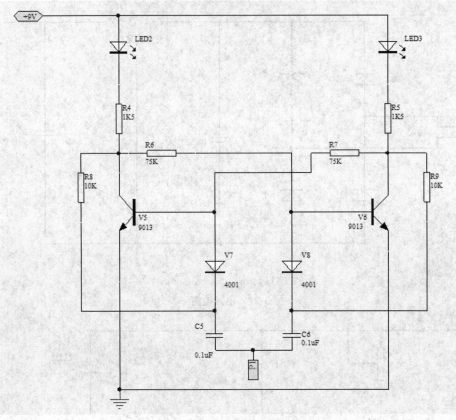

图 3-23　分频电路

第 4 章　电路原理图的后期处理

第 3 章中对 Altium designer 的原理图设计进行了详细的讲解，因此根据第 3 章的内容完全可以独立设计出精美的电路原理图。本章将讲解一些 Altium designer 原理图设计系统的后续应用，这些内容并不是原理图设计所必需的，但是，掌握了这些操作能使绘图的效率大大提高。

4.1　原理图的全局编辑

Altium designer 的全局编辑功能可以实现对当前文件或所有已打开文件(包括已打开项目)中具有相同属性的对象同时进行属性编辑的功能。

原理图中的任何对象都可以实现全局编辑功能。全局编辑功能在原理图编辑器和 PCB 编辑器中都可以使用，其使用方法也基本相同，因此在 PCB 编辑器中将不再介绍全局编辑功能。

4.1.1　元件的标注

绘制完原理图后，有时候需要将原理图中的元件进行重新编号，即设置元件流水号，这可以通过执行"工具"→"注解"命令来实现，这项工作由系统自动进行。执行此命令后，会出现如图 4-1 所示的"注释"对话框。在该对话框中，可以设置重新编号的方式。下面分别介绍各选项的意义。

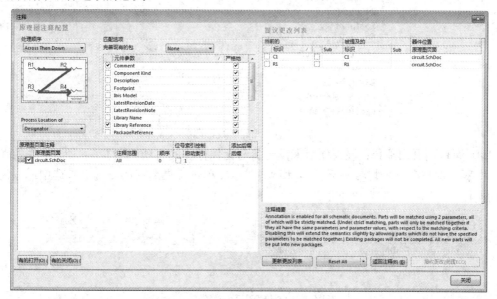

图 4-1　"注释"对话框

(1) 处理顺序：元件编号的上下左右顺序。Altium Designer 提供了如下四种编号顺序：

① Up Then Across：先由下而上，再由左至右，如图 4-2(a)所示；

② Down Then Across：先由上而下，再由左至右，如图 4-2(b)所示；

③ Across Then Up：先由左至右，再由下而上，如图 4-2(c)所示；

④ Across Then Down：先由左至右，再由上而下，如图 4-2(d)所示。

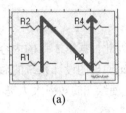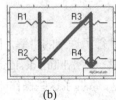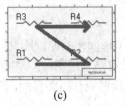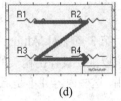

(a)　　　　　　　　(b)　　　　　　　　(c)　　　　　　　　(d)

图 4-2　四种排序顺序

(2) 匹配选项：在此主要设置复合式多模块芯片的标注方式。以 74HC04 为例，74HC04 内部含有 8 个非门单元的一类元件，系统提供了三种方式进行标注。

① None：全部选用单独封装，如原理图需要 5 个非门，则放置 5 个 74HC04。

② Per Sheet：同一张图纸中的芯片采用复合封装，若工程中一张图纸有 3 个非门，而另外一张图纸有 2 个非门，则在这两张图纸中均各使用一个复合式封装。

③ Whole Project：整个工程中都采用符合封装，若工程中一张图纸有 3 个非门，而另外一张图纸有 2 个非门，则整个工程使用一个复合式封装。

(3) 元件参数：提供了属于同一复合元件的判断条件，如图 4-3 所示。图中，左边的复选框用于设定判断条件，系统默认的条件是元件的"Comment"和"Library Reference"属性相同就可判断为同一类元件。

元件参数		严格地
☑ Comment		☑
☐ Component Kind		☑
☐ Description		☑
☐ Footprint		☑
☐ Ibis Model		☑
☐ LatestRevisionDate		☑
☐ LatestRevisionNote		☑
☐ Library Name		☑
☑ Library Reference		☑
☐ PackageReference		☑

图 4-3　"元件参数"选项

(4) 原理图页面注释：该选项用来设定参与元件标注的文档，如图 4-4 所示，系统默认工程中所有原理图文档均参与元件自动标注，可以单击文档名前的复选框来选中或取消相应的文档。

原理图页面注释			位号索引控制	添加后缀
原理图页面	注释范围	顺序	启动索引	后缀
☑ circuit.SchDoc	All	0	☐ 1	

图 4-4　"原理图页面注释"选项

(5) 提议更改列表：在该区域内列出了元件的当前标号和执行标注命令后的新标号，如图 4-5 所示。

图 4-5　"提议更改列表"选项

(6) 更新更改列表：单击该按钮后将弹出如图 4-6 所示的对话框，该对话框提示将有多个元件的标号发生变化。再次单击"OK"按钮会发现图 4-5 中的"接收更改(创建 ECO)"按钮可以使用了，而且被提及的标识的编号发生了变化，如图 4-7 所示。

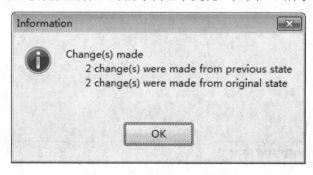

图 4-6　提示即将改动的数目

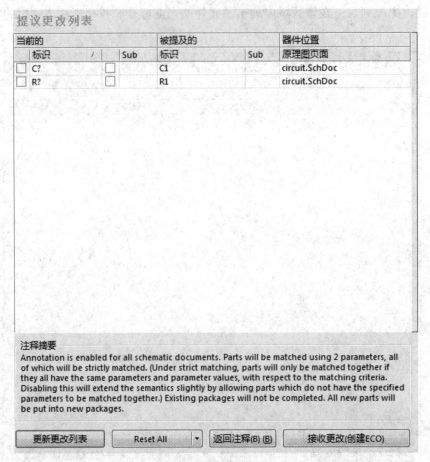

图 4-7　提议更改列表

(7) 接收更改(创建 ECO)：单击此按钮，弹出如图 4-8 所示的对话框，先点击"生效更改"，再点击"执行更改"，最后点击"关闭"，就完成了原理图里编号的更改。

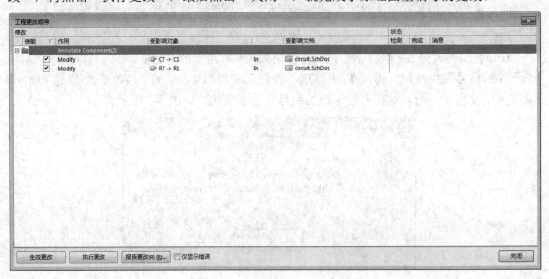

图 4-8　"工程更改顺序"对话框

(8) Reset All：系统将会使元件编号复位(即"字母+？"的初始状态)。同样，执行该命令后会弹出"Information"对话框，点击"OK"即可。单击"接收更改(创建 ECO)"按钮，弹出如图 4-8 所示的对话框，先点击"生效更改"，再点击"执行更改"，最后点击"关闭"，就完成了原理图里编号的复位。

(9) 返回注释：单击该按钮会弹出一个文件框，用于选择现成的"was"或"eco"文件来给元件标注。

4.1.2　元件属性的全局编辑

选择"编辑"菜单的"查找相似对象"命令，光标变成大十字，移动光标到绘图区待编辑的对象上单击鼠标左键，弹出如图 4-9 所示的"发现相似目标"对话框，在此可以设置需要进行全局编辑的元件的属性匹配条件，将需要修改的参数选项后面的"Any"改成"Same"。选择好对话框下方的复选框后，单击"确定"按钮，则完成了操作。

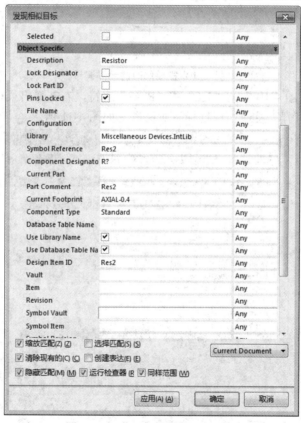

图 4-9　"发现相似目标"对话框

(1) 缩放匹配：选择该项后，所有匹配符合的元件将放大到整个绘图区显示。

(2) 选择匹配：选择该项后，所有符合条件的元件都将被选中。必须选中该选项，否则匹配后不能进行"下一步"编辑操作。

(3) 清除现有的：在执行匹配之前处于选中状态的元件将清除选中状态。

(4) 创建表达：选择该项后，将在原理图过滤器(SCH Filter)面板中创建一个搜索条件逻辑表达式。

(5) 隐藏匹配：选择该项后，除了符合条件的元件外其他的元件都呈浅色显示。

(6) 运行检查器：选择该项后，执行完匹配将启动检查器面板。

(7) 同样范围：选择该项后，将选择相同的范围。

4.1.3　字符串的全局编辑

相同类型的字符都可以进行全局编辑，如隐藏、改变字体等。下面以图 4-10 为例介绍将元件编号字体改为粗体的方法。

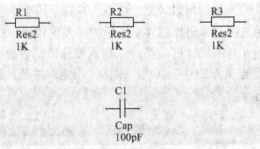

图 4-10　需要修改的元件编号

(1) 将光标指向图 4-10 中的"1K"和"Res2"字符，右击弹出菜单，然后选择"查找相似对象"命令，打开"发现相似目标"对话框，如图 4-11 所示。

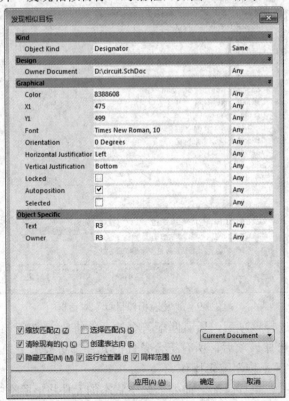

图 4-11　"发现相似目标"对话框

(2) 在对话框中选择字体"Font"的匹配关系为"Same"，单击"确定"按钮，选中所有元件的标识符。

(3) 弹出如图 4-12 所示的检查器面板。

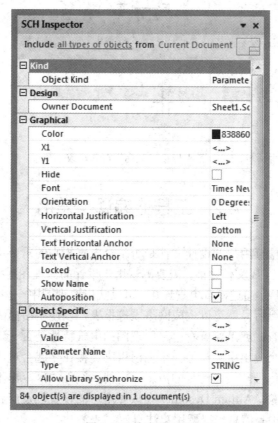

图 4-12　检查器面板

(4) 单击"Font"右边的选项，弹出"字体"对话框，如图 4-13 所示。

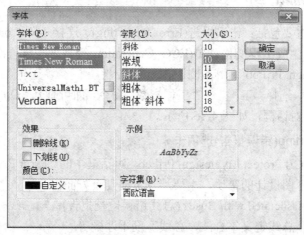

图 4-13　"字体"对话框

(5) 选中"字形"栏中的"斜体"，单击"确定"按钮。

(6) 关闭检查器面板。

(7) 鼠标左键在原理图上任意地方点击一次，退出元件的标识符选中，则完成了标识符的修改，如图 4-14 所示。

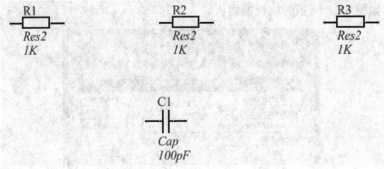

图 4-14　完成标识符的修改

4.2　工程的编译与差错

编译工程是用来检查用户的设计文件是否符合电气规则的重要手段。Altium Designer 在生成网络表或更新 PCB 文件之前，需要测试用户设计的原理图连接的正确性，这可以通过检验电气连接来实现。通过检查电气连接，可以找出原理图中一些电气连接方面的错误。检验了电路的电气连接后，就可以生成网络表等报表，以便于后面的 PCB 制作。

所谓电气规则检查，就是要查看电路原理图的电气特性是否一致，电气参数的设置是否合理等。例如，一个输出引脚与另一个输出引脚连接在一起会造成信号冲突，未连接完整的网络标签会造成信号断线，重复的流水号会使系统无法区分出不同的元件，这些都是不合理的电气冲突现象。Altium Designer 会按照用户的设置以及问题的严重性分别以错误 (Error)或警告(Warning)等信息来提醒用户注意。

4.2.1　编译设置选项

工程编译设置主要包括：错误报告(Error Reporting)、连接矩阵(Connection Matrix)、比较器(Comparator)和生成工程变化订单(ECO Generation)等，这些设置都是在 "Options for PCB Project My design. PrjPcb" 对话框中完成的。

在 PCB 工程中，选择 "工程" → "工程参数" 命令，即可打开 "Options for PCB Project My design. PrjPcb" 对话框，如图 4-15 所示。

1. Error Reporting(错误报告)选项卡

"Options for PCB Project My design. PrjPcb" 对话框中的 "Error Reporting"(错误报告)选项卡用于报告原理图设计的错误，主要涉及下面几个方面：

(1) Violations Associated with Buses (总线错误检查报告)：与总线有关的违规类型，如总线标号超出范围，总线定义不合法，总线宽度不匹配等。

(2) Violations Associated with Code Symbols(代码符号错误检查报告)：与代码符号有关的违规类型，如代码符号中重复入口名称，代码符号无导出功能等。

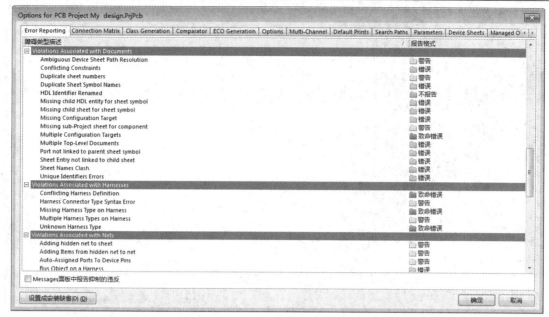

图 4-15　"Options for PCB Project My design. PrjPcb" 对话框

(3) Violations Associated with Components (组件错误检查报告)：与元件有关的违规类型，如元件引脚重复使用，元件模型参数错误，图纸入口重复等。

(4) Violations Associated with Configuration Constraints(配置约束错误检查报告)：与配置约束有关的违规类型，如配置中找不到约束边界，配置中约束连接失败等。

(5) Violations Associated with Documents (文档错误检查报告)：与文件相关的违规类型，主要涉及层次设计，如图标符标识重复，无子原理图与图标符对应，端口没有连接到图标符，图纸入口没有连接到子原理图等。

(6) Violations Associated with Harnesses(线束错误检查报告)：与线束有关的违规类型，如线束定义冲突，线束类型未知等。

(7) Violations Associated with Nets (网络错误检查报告)：与网络有关的违规类型，如网络名称重复，网络标号悬空，网络参数没有赋值等。

(8) Violations Associated with Others (其他错误检查报告)：与其他对象有关的违规类型，如对象超出图纸边界，对象偏离栅格等。

(9) Violations Associated with Parmeters (参数错误检查报告)：与参数有关的违规类型，如同一参数具有不同的类型，同一参数具有不同的数值等。

对于每一项具体的违规，相应地有 4 种错误报告格式：不报告、警告、错误、致命错误。对每一种错误都设置相应的报告类型，例如选中 "Bus indices out of range"，单击其后的"致命错误"按钮，会弹出错误报告类型的下拉列表。一般采用默认设置，不需要对错误报告类型进行修改。

2. Connection Matrix (连接矩阵)选项卡

在"Options for PCB Project My design. PrjPcb"对话框中单击"Connection Matrix"选项卡，如图 4-16 所示。

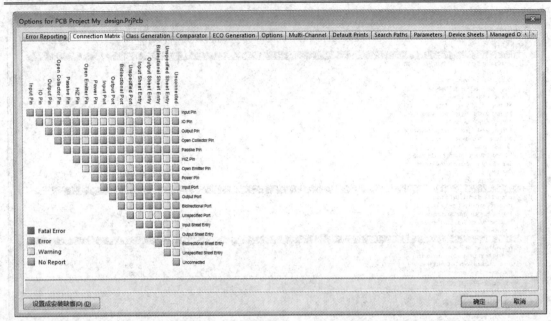

图 4-16 "Connection Matrix" 选项卡

连接矩阵选项卡显示的是错误类型的严格性。这将在设计中进行电气连接检查，并产生错误报告，如引脚间的连接、元件和图纸输入。连接矩阵给出了原理图中不同类型的连接点以及是否被允许的图表描述。

(1) 如果横坐标和纵坐标交叉点为红色，则当横坐标代表的引脚和纵坐标代表的引脚相连接时，将出现 Fatal Error 信息。

(2) 如果横坐标和纵坐标交叉点为橙色，则当横坐标代表的引脚和纵坐标代表的引脚相连接时，将出现 Error 信息。

(3) 如果横坐标和纵坐标交叉点为黄色，则当横坐标代表的引脚和纵坐标代表的引脚相连接时，将出现 Warning 信息。

(4) 如果横坐标和纵坐标交叉点为绿色，则当横坐标代表的引脚和纵坐标代表的引脚相连接时，将不出现错误或警告信息。

如果想修改连接矩阵的错误检查报告类型，比如想改变 Passive Pin (电阻、电容和连接器)和 Unconnected 的错误检查，可以采取下述步骤：

(1) 在纵坐标找到"Passive Pin"，在横坐标找到"Unconnected"，系统默认为绿色，表示当项目被编译时，在原理图上发现未连接的"Passive Pin"不会显示错误信息。

(2) 单击相交处的方块，直到变成黄色，这样当编译项目时和发现未连接的"Passive Pin"时就给出警告信息。

(3) 单击"设置成安装缺省"按钮，可以恢复到系统默认设置。

3. Comparator (比较器)选项卡

在"Options for PCB Project My design. PrjPcb"对话框中单击"Comparator"选项卡，如图 4-17 所示。

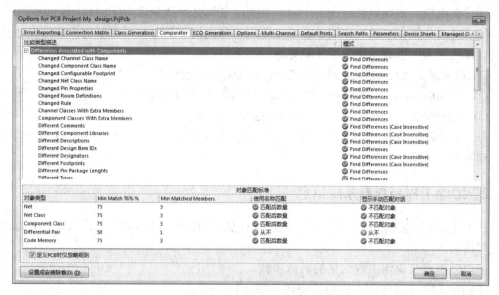

图 4-17　"Comparator"选项卡

"Comparator"选项卡用于设置当一个项目被编译时给出文件之间的不同和忽略彼此的不同。在一般电路设计中不需要将一些表示原理图设计等级的特性之间的不同显示出来，所以在"Difference Associated with Components"单元找到"Changed Room Definitions"、"Extra Room Definitions"和"Extra Components Classes"，在这些选项右边的"模式"下拉列表选择"Ignore Differences"。

4. ECO Generation (电气更改命令)选项卡

在"Options for PCB Project My design. PrjPcb"对话框中单击"ECO Generation"选项卡，如图 4-18 所示。

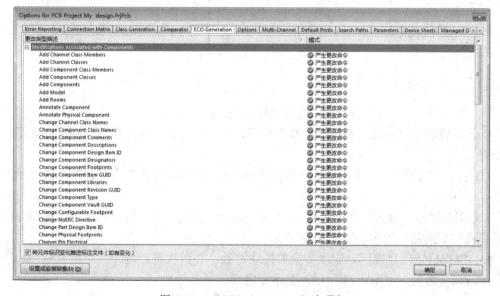

图 4-18　"ECO Generation"选项卡

通过在比较器中找到原理图的不同，当执行电气更改命令后，"ECO Generation"选项卡将显示更改类型详细说明。该选项卡主要用于原理图更新时显示更新的内容与以前档的不同。该选项卡中更改的类型描述具体包括如下：

(1) Modifications Associated with Components：与元件有关的更改。

(2) Modifications Associated with Nets：与网络有关的更改。

(3) Modifications Associated with Parameters：与参数有关的更改。

每一类中同样包含若干选项，每一选项的模式设置为"产生更改命令"或者"忽略不同"即不产生更改。

4.2.2　编译工程与查看系统信息

在上述各项设置完成后，用户就可以对自己的工程进行具体编译了，以检查并修改各种电气错误。

下面以例题来说明工程编译的具体步骤。

【例 4-1】　编译工程，电路原理图如图 4-19 所示。

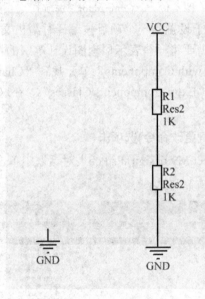

图 4-19　原理图

为了让读者更清楚地了解编译的重要作用，在编译之前，特意在原理图里增加了一个接地符号。

(1) 执行"工程"→"Compile PCB Project My design.PrjPcb"命令，则系统开始对工程进行编译。

(2) 编译完成，点击 "System"→"Messages"面板。该面板上列出了工程编译的具体结果及相应的错误等级，如图 4-20 所示。

(3) 根据出错信息提示，删除多余的接地符号，并再次进行编译，点击"System"→"Messages"面板，如图 4-21 所示，显示无错误信息。

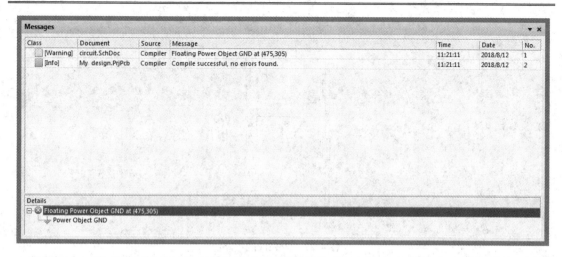

图 4-20　出错信息

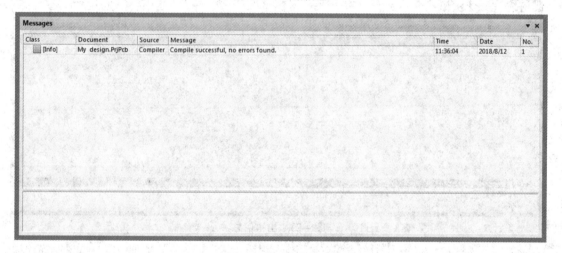

图 4-21　无出错信息

4.2.3　设置编译屏蔽

在对文件或工程进行编译时，有些内容是暂时不希望被编译的，如尚未完成的一些电路设计等，编译时肯定会产生出错信息。此时，可通过放置编译屏蔽来实现这一目的。

【例 4-2】　放置编译屏蔽。

对一个尚未完成的电路，如图 4-22 所示，放置编译屏蔽，使其不被编译，避免产生不必要的出错信息。

(1) 对如图 4-22 所示的电路图，点击"System"→"Messages"面板，则"Messages"面板上会显示全部的出错信息，如图 4-23 所示。

(2) 执行"放置"→"指示"→"编译屏蔽"命令，光标变为十字形。

(3) 移动光标到需要放置的位置处，单击鼠标左键，确定屏蔽框的起点。移动光标，将需要屏蔽的对象包围在屏蔽框内，再次单击鼠标左键后，确定终点，如图 4-24 所示。

(4) 屏蔽形成，如图 4-25 所示。

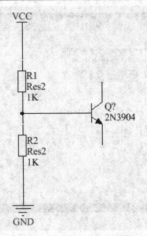

图 4-22　未完成的电路

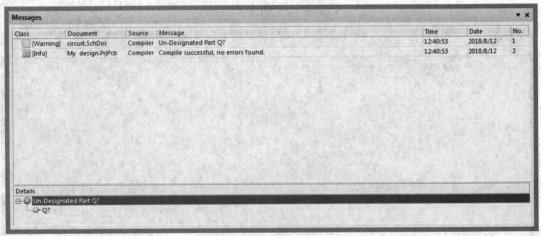

图 4-23　出错信息

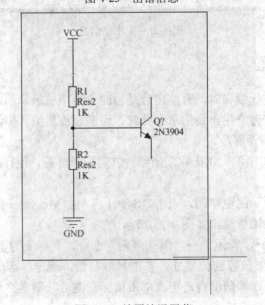

图 4-24　放置编译屏蔽

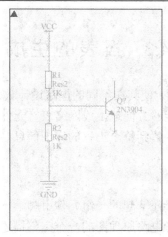

图 4-25　屏蔽形成

(5) 双击所放置的屏蔽框，打开"编辑 Mask"对话框，可设置屏蔽的有关属性，如图 4-26 所示。其中，如选中"崩溃并失败"复选框，则关闭了屏蔽指令。

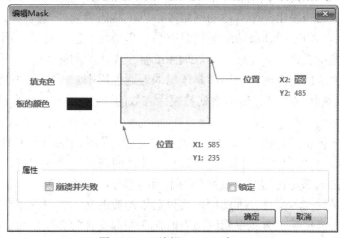

图 4-26　"编辑 Mask"窗口

(6) 对放置了编译屏蔽的电路图重新进行编辑，"Messages"面板上不再显示出错信息，如图 4-27 所示。

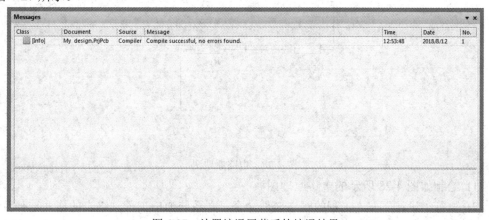

图 4-27　放置编译屏蔽后的编译结果

4.3　报表的生成

为了便于设计、查看原理图，使其在不同的电路设计软件之间兼容，Altium　Designer
提供了强大的报表生成功能，能够方便地生成网络表、元件清单以及工程结构等报表，通
过这些报表设计者可以清晰地了解到整个工程的详细信息。

4.3.1　网络表

所谓网络，指的是彼此连接在一起的一组元件引脚。一个电路实际上是由若干网络组
成的，而网络表就是对电路或者电路原理图的一个完整描述。描述的内容包括两个方面：
一是所有元件的信息，包括元件标识、元件引脚和 PCB 封装形式等；二是网络的连接信息，
包括网络名称、网络节点等。

在 Schematic 所产生的各种报表中，以网络表(Netlist)最为重要。绘制原理图的最主要
目的就是由设计电路转换出一个有效的网络表，以供其他后续处理程序(如 PCB 设计或仿
真程序)使用。由于 Altium Designer 系统具有高度集成性，因此可以在不离开绘图页编辑
程序的情况下直接执行命令，生成当前原理图或整个项目的网络表。

在由原理图生成网络表时，使用的是逻辑的连通性原则，而非物理的连通性。也就是
说，只要是通过网络标签所连接的网络就被视为有效的连接，并不需要真正地由连线(Wire)
将网络各端点实际连接在一起。

网络表有很多种格式，通常为 ASCII 码文本文件。网络表的内容主要为原理图中各元
件的数据(流水号、元件类型与封装信息)以及元件之间网络连接的数据。Altium Designer
中大部分网络表格式都是将这两种数据分为不同的部分，分别记录在网络表中。

由于网络表是纯文本文件，因此用户可以利用一般的文本编辑程序自行创建或是修改
已存在的网络表。当用手工方式编辑网络表时，在保存文件时必须以纯文本格式来保存。

【例 4-3】　以图 4-28 所示的原理图为例，生成工程网络表。

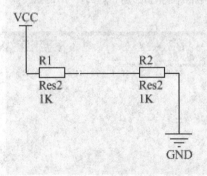

图 4-28　电路原理图

(1) 绘制如图 4-28 所示的电路原理图。

(2) 执行"设计"→"工程的网络表"命令，则系统弹出工程网络表的格式选择菜单，
如图 4-29 所示。

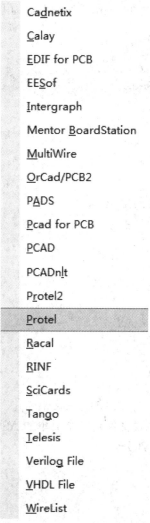

图 4-29　工程网络表的格式选择菜单

　　（3）单击该菜单中的"Protel"，则系统自动生成了网络表文件"circuit.NET"（原理图名称是 circuit.SchDoc），并存放在当前工程下的"Generated"→"Netlist Files"文件夹中，如图 4-30 所示。

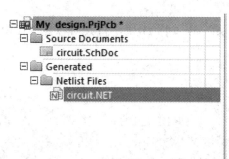

图 4-30　网络表文档

(4) 双击打开该工程网络表文件"circuit.NET"，如图 4-31 所示。

```
[
R1
AXIAL-0.4
Res2



]
[
R2
AXIAL-0.4
Res2



]
(
NetR1_1
R1-1
R2-2
)
```

图 4-31　生成网络表

标准的 Altium Designer 网络表文件是一个简单的 ASCII 码文本文件，在结构上大致可分为元件描述和网络连接描述两部分。

1) 元件描述

格式如下：

```
[          元件声明开始
R1    元件序号
AXIAL-0.4          元件封装
Res2          元件注释
]          元件声明结束
```

元件的声明以"["开始，以"]"结束，将其内容包含在内。网络经过的每一个元件都必须有声明。

2) 网络连接描述

格式如下：

```
(                    网络定义开始
NetR1_1  网络名称
R1-1              元件序号为 R1，元件引脚号为 1
R2-2              元件序号为 R2，元件引脚号为 2
)          网络定义结束
```

网络定义以"("开始，以")"结束，将其内容包含在内。网络定义首先要定义该网络的各端口。网络定义中必须列出连接网络的各个端口。

4.3.2　元器件报表

元器件报表主要用于整理一个电路或一个项目文件中的所有元件。它主要包括元件的名称、标注、封装等内容。下面以图 4-28 所示的原理图为例，讲述产生原理图元件列表的基本步骤。

(1) 打开原理图文件，执行"报告"→"Bill of Materials"命令。

(2) 执行该命令后，系统会弹出如图 4-32 所示的项目的 BOM(Bill of Materials，材料表)窗口，在此窗口可以看到原理图的元件列表。

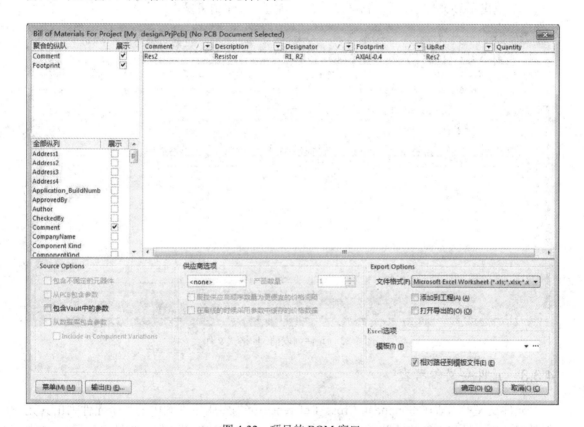

图 4-32　项目的 BOM 窗口

(3) 可以在"Export Options"操作框的"文件格式"列表中选择输出文本类型，包括 Excel 格式(.xls)、CSV 格式、PDF 格式、文本文件格式(.txt)、网页格式以及 XML 文件格式。

如果选择 Excel 格式，系统会打开 Excel 应用程序，并生成以.xls 为扩展名的元件报表文件，不过此时需要选中"打开导出的"复选框。如果选择"添加到工程"复选框，则生成的文件会添加到项目中。另外还可以在"Excel 选项"操作区选择模板文件。

如果选中菜单中的"强制列查看",则图 4-33 所示 BOM 窗口的所有列会被强制在视图中显示。如果选择"从数据库包含参数",则会包括来自数据库中的参数,但是该项目必须有数据库文件,否则就不能操作。如果选择"从 PCB 包含参数",则会包括来自当前项目的 PCB 文件的参数,但是该项目必须有已经存在的 PCB 文件,否则就不能操作。

当然,也可以从菜单中选择快捷命令来操作,包括 Export(导出)命令(相当于上面的 Export 按钮)和 Report(生成报告)命令。

(4) 单击"输出"按钮,系统会弹出一个提示生成输出文件的对话框,此时命名需要输出的文件名,然后单击"OK"按钮即可生成所选择文件格式的 BOM 文件。图 4-33 所示即为生成的.xls 格式的 BOM 文件。

(5) 输出了 BOM 文件后,就可以单击"确定"按钮结束操作。

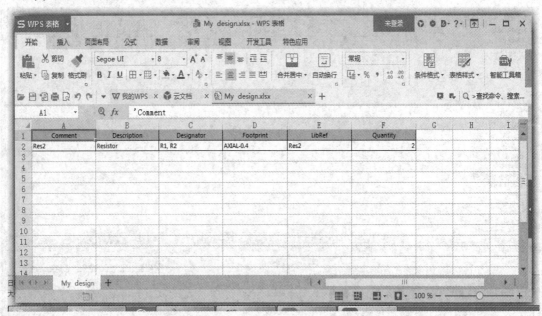

图 4-33　元件列表的.xls 格式文件

4.3.3　元件交叉参考表

元件交叉参考表(Component Cross Reference)可为多张原理图中的每个元件列出其元件类型、流水号和隶属的绘图页文件名称。这是一个 ASCII 码文件,扩展名为.xrf。建立交叉参考表的步骤如下:

(1) 执行"Reports"→"Component Cross Reference"命令。

(2) 执行该命令后,系统会弹出如图 4-34 所示的项目的元件交叉参考表窗口,在此窗口可以看到原理图的元件交叉参考表。

(3) 单击"OK"按钮,生成并预览元件交叉参考表报告。

图 4-34 中的各项操作与生成 BOM 窗口的操作类似,读者可以用层次原理图中的例题进行操作。

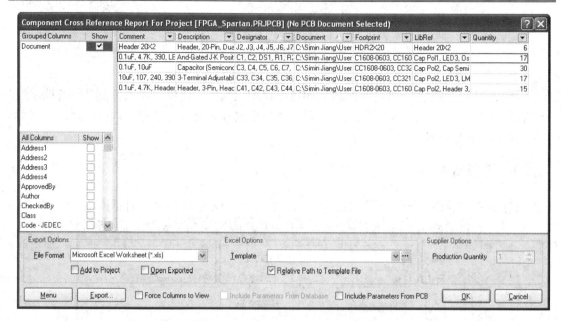

图 4-34　项目的元件交叉参考表窗口

4.3.4　层次设计报表

层次设计报表(Project Hierarchy)可以显示项目文件中的原理图层次关系，这样有助于直观了解项目的文件结构。项目层次表是一个 ASCII 码文件，其扩展名为 .rep。生成项目层次表的操作过程如下：

(1) 执行"报告"→"Report Project Hierarchy"命令。

(2) 执行该命令后，会生成一个 ASCII 码文件，其扩展名为.rep。

(3) 打开该文件，将会显示项目文件中的原理图层次关系，如下面图 4-35 所示的文档即为一个项目的层次表。

```
---------------------------------------------------------------
Design Hierarchy Report for FPGA_Spartan.PrjPcb
-- 2/4/2009
-- 11:55:07 PM
---------------------------------------------------------------

Main                      SCH          (Main.SchDoc)
    U_Connector           SCH          (Connector.SchDoc)
    U_FPGA01              SCH          (FPGA01.SchDoc)
    U_FPGA02              SCH          (FPGA02.SchDoc)
    U_Power supply        SCH          (Power supply.SchDoc)
    U_PROM               SCH          (PROM.SchDoc)
```

图 4-35　ASCII 码文件

注意：项目的任何报表生成之前，必须对项目进行编译处理。

4.4　原理图的打印

原理图绘制结束后，往往要通过打印机或绘图仪输出，以供设计人员参考、备档。用打印机打印输出，首先要对页面进行设置，然后设置打印机，包括打印机的类型、纸张大小、原理图纸等内容。

4.4.1　设置页面

(1) 选择"文件"→"页面设置"选项，将弹出如图 4-36 所示的对话框。

图 4-36　设置页面对话框

(2) 设置各项参数。在这个对话框中需要设置打印纸尺寸、缩放比例等。

① 尺寸：选择打印纸的大小，并设置打印纸的方向，包括纵向和横向。

② 缩放比例：设置缩放比例模式，可以选择"Fit Document On Page"(文档适应整个页面)和"Scaled Print"(按比例打印)。当选择了"Scaled Print"时，"缩放"和"修正"编辑框将有效，设计人员可以在此输入打印比例。

③ Offset：设置页边距，分别可以设置水平方向和垂直方向的页边距，如果选中"居中"复选框，则不能设置页边距。

④ 颜色设置：输出颜色的设置，可以分别输出"单色"、"颜色"和"灰的"。

4.4.2　设置打印机

在完成页面设置后，单击图 4-36 中的"打印设置"按钮将弹出设置打印机对话框，如图 4-37 所示，此时可以设置打印机的配置，包括打印的页码、份数等，设置完毕后单击"确定"按钮即可实现图纸的打印。

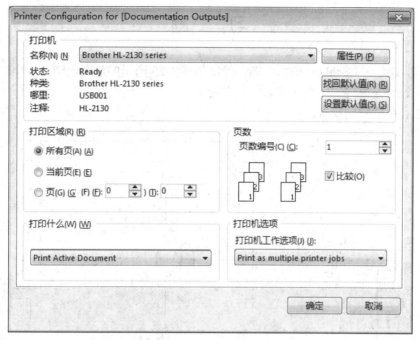

图 4-37　打印机配置对话框

4.4.3　打印浏览

在完成打印机设置后，单击图 4-36 中的"预览"按钮，可以预览打印效果，如图 4-38 所示。如果设计者对打印预览的效果满意，单击"打印"按钮即可打印输出。

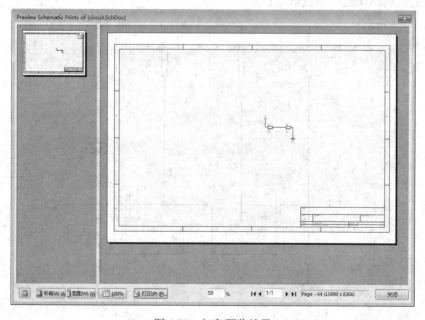

图 4-38　打印预览效果

习　　题

1. 新建名为 5x1.SchDoc 的原理图，绘制如图 4-39 所示的放大电路。

(1) 在设计区放置完所有元件后进行自动编号。

(2) 进行电气规则检查。

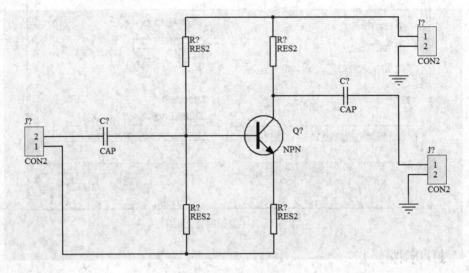

图 4-39　放大电路

2. 新建名为 5x2.SchDoc 的原理图，绘制如图 4-40 所示的振荡积分电路，图纸选 A3，绘制完成后对电路图进行电气规则检查。

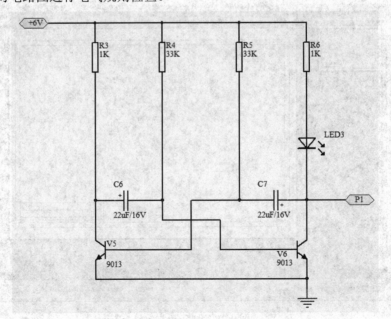

图 4-40　振荡积分电路

第 5 章　原理图元件库的创建与管理

　　当绘制原理图时，常常需要在放置元件之前添加元件所在的库。尽管 Altium Designer 内置的元件库已经相当完整，但有时用户还是无法从这些元件库中找到自己想要的所有元件，比如某种很特殊的元件或新出现的元件。在这种情况下，就需要自行创建新的元件及元件库。Altium Designer 提供了一个完整的创建元件库的工具，即元件库编辑(Library Editor)管理器。下面讲解如何使用元件库编辑管理器来生成元件和创建元件库。

5.1　原理图库文件编辑器

　　使用 Altium Designer 系统的库文件编辑器可以创建多种库文件，执行"文件"→"新建"→"库"命令后，弹出如图 5-1 所示的菜单。

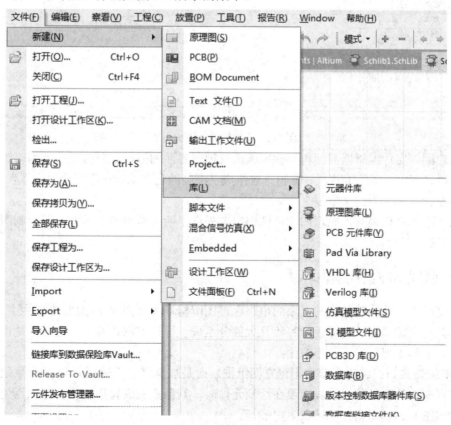

图 5-1　库文件菜单

　　图 5-1 所示菜单显示了可以创建的库文件类型，有原理图库、PCB 元件库、VHDL 库等。这里主要介绍原理图库文件的创建和编辑。

5.1.1　启动原理图库文件编辑器

　　启动原理图库文件编辑器的方法有多种，通过新建一个原理图库文件，或者打开一个已有的原理图库文件，都可以进入原理图库文件的编辑环境中。

　　执行"文件"→"新建"→"库"→"原理图库"命令，则一个默认名为"SchLib1.SchLib"的原理图库文件被创建，同时原理图库文件编辑器被启动，如图 5-2 所示。

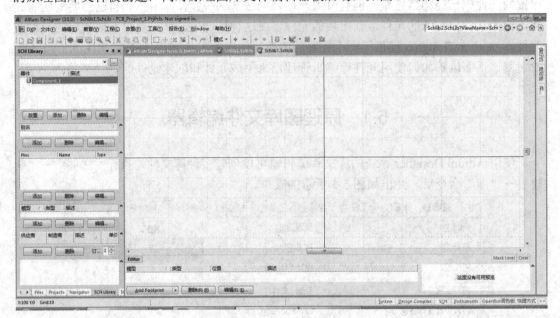

图 5-2　原理图库文件编辑器

　　原理图库文件编辑器界面与元件库编辑管理器界面相似，主要由元件库编辑管理器、主工具栏、菜单、实用工具栏、编辑区等组成，不同的是在编辑区有一个"十"字坐标轴，将元件编辑区划分为四个象限。

　　除了主工具栏以外，原理图库文件编辑器提供了两个重要的工具栏，即绘制图形工具栏和 IEEE 工具栏。

5.1.2　原理图库文件编辑环境

　　原理图库文件编辑环境与前面的电路原理图编辑环境界面非常相似，主要由主工具栏、实用工具栏、编辑窗口及面板标签等几大部分组成，操作方法也几乎一样，但是也有不同的地方，具体表现在以下几个方面：

　　(1) 编辑窗口：编辑窗口内不再有图纸框，而是被十字坐标轴划分为 4 个象限，坐标轴的交点即为该窗口的原点。一般在绘制元件时，其原点就放置在编辑窗口原点处，而具体元件的绘制、编辑则在第四象限内进行。

　　(2) 实用工具栏：在实用工具中提供了 3 个重要的工具栏，即原理图符号绘制工具栏、IEEE 符号工具栏 和模式工具栏 ，它们是原理图库文件编辑环境中所特有的，用于完成原理图符号的绘制以及通过模型管理器为元件添加相关的模型。

(3)　SCH Library 面板：在面板标签的 SCH 中，增加了 SCH Library 面板，这也是原理图库文件编辑环境中特有的工作面板，用于对原理图库文件中的元件进行编辑、管理。

(4)　模型添加及预览：用于为元件添加相应模型，如 PCB 封装、仿真模型、信号完整性模型等，并可在右侧的窗口中进行预览。

5.1.3　SCH Library 面板

SCH Library 面板是原理图库文件编辑环境中的专用面板，用于对当前原理图库中的所有元件进行编辑和管理。如图 5-3 所示，元件库编辑管理器有四个区域：器件区域、别名区域、Pins 区域、模型区域。

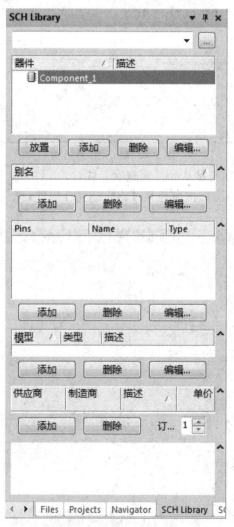

图 5-3　元件库编辑管理器

1. "器件"区域

该区域的主要功能是查找、选择及取用元件。当打开一个元件库时，元件列表就会列出本元件库内所有元件的名称。要取用元件，只要将光标移动到该元件名称上，然后单击"放置"按钮即可。直接双击某个元件名称，也可以取出该元件。

(1) 第一行为空白编辑框，用于筛选元件。当在该编辑框输入元件名的开头字符时，在元件列表中将会只显示以这些字符开头的元件，如 LM。

(2) "放置"按钮的功能是将所选元件放置到原理图中。单击该按钮后，系统自动切换到原理图设计界面，同时原理图元件库编辑器退到后台运行。

(3) "添加"按钮的功能是添加元件。将指定的元件名称添加到该元件库中，单击该按钮后，会出现如图 5-4 所示的对话框。输入指定的元件名称，单击"确定"按钮即可将指定元件添加进元件库。

图 5-4　添加元件对话框

(4) "删除"按钮的功能是从元件库删除元件。

(5) "编辑"按钮：单击该按钮后系统将启动元件属性对话框，如图 5-5 所示，此时可以设置元件的相关属性。

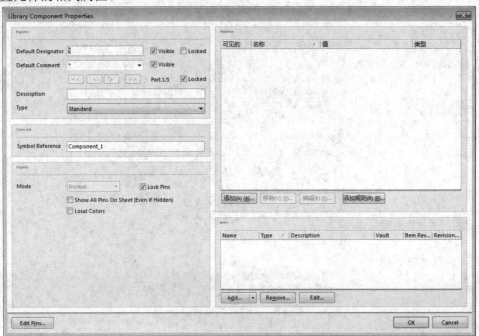

图 5-5　元件属性对话框

2. "别名"区域

该区域主要用来设置所选中元件的别名。

3 "Pins"区域

该区域的主要功能是将当前工作区域中元件引脚的名称及状态列于引脚列表中,引脚区域用于显示引脚信息。

(1) 单击"添加"按钮可以向选中元件添加新的引脚。

(2) 单击"删除"按钮可以从所选中元件中删除引脚。

(3) 单击"编辑"按钮,系统将会弹出如图 5-6 所示的"引脚属性"对话框。

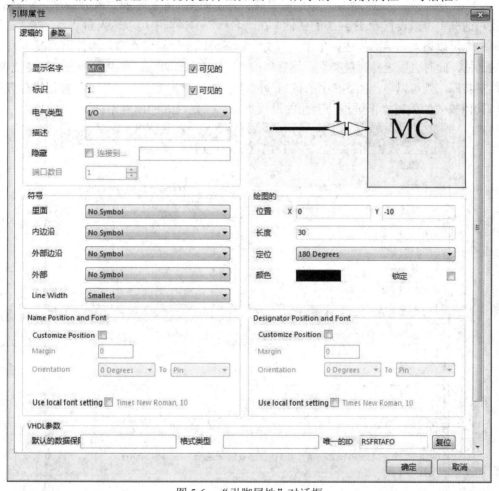

图 5-6　"引脚属性"对话框

4. "模型"区域

该区域的功能是指定元件的 PCB 封装、信号完整性或仿真模式等。指定的元件模式可以连接和映射到原理图的元件上。单击"添加"按钮,系统将弹出如图 5-7 所示的对话框,此时可以为元件添加一个新的模式,在"模型"区域就会显示一个刚刚添加的新模式,使用鼠标双击该模式,或者选中该模式后单击"编辑"按钮,则可以对该模式进行编辑。

下面以添加一个 PCB 封装模式为例讲述具体操作过程。

(1) 单击"添加"按钮，添加一个 Footprint 模式，如图 5-7 所示。

图 5-7　添加一个新的元件模式

(2) 单击图 5-7 中的"确定"按钮，系统将弹出如图 5-8 所示的"PCB 模型"对话框，在该对话框中可以设置 PCB 封装的属性。在"名称"编辑框中可以输入封装名，在"描述"编辑框中可以输入封装的描述。单击"浏览"按钮可以选择封装类型，并弹出如图 5-9 所示的对话框，此时可以选择封装类型，然后单击"确定"按钮即可。如果当前没有装载需要的元件封装库，则可以单击图 5-9 中的按钮■装载一个元件库或单击"发现"按钮进行查找。

其他模式的编辑操作过程与上面的过程类似，只是模式的属性不同。

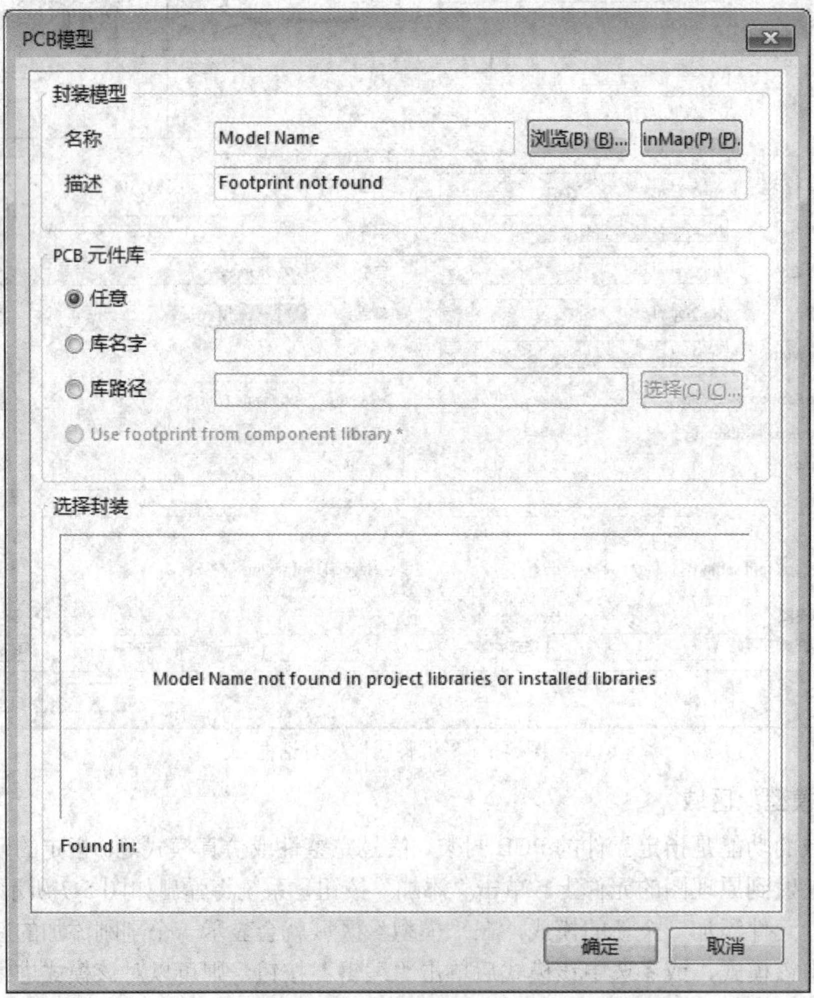

图 5-8　"PCB 模型"对话框

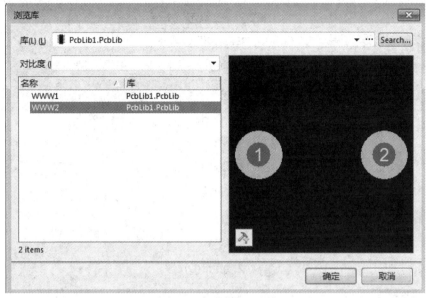

图 5-9　"浏览库"对话框

5.1.4　工具栏

对于原理图库文件编辑环境中的主菜单栏及"标准"工具栏，由于功能和使用方法与原理图编辑环境中基本一致，在此不再累赘。这里主要对实用工具中的原理图符号绘制工具栏、IEEE 符号工具栏以及模式工具栏进行简要介绍，具体的使用操作方法将在后面的实例中逐步介绍。

1. 原理图符号绘制工具栏

单击实用工具中的 ，则会弹出相应的原理图符号绘制工具栏，如图 5-10 所示。其中各个图标的功能与"放置"级联菜单(见图 5-11)中的各项命令具有对应的关系，如表 5-1 所示。

图 5-10　原理图符号绘制工具栏

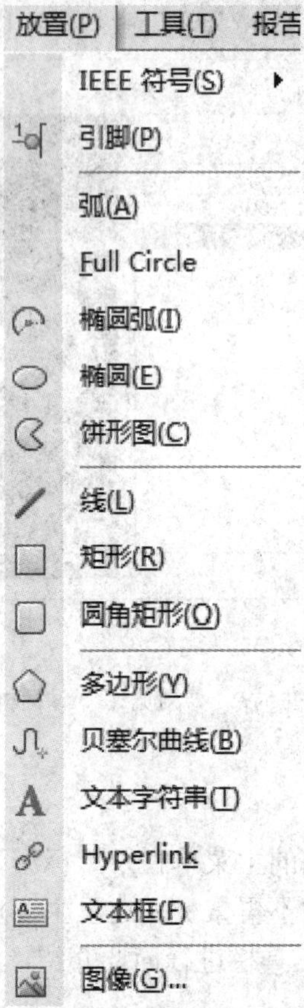

放置(P)	工具(T)	报告

IEEE 符号(S)　▶

¹₀ℓ　引脚(P)

　　弧(A)

　　Full Circle

⌒　椭圆弧(I)

◯　椭圆(E)

◖　饼形图(C)

╱　线(L)

▢　矩形(R)

▢　圆角矩形(O)

⬠　多边形(Y)

∿　贝塞尔曲线(B)

A　文本字符串(T)

♂　Hyperlink

▣　文本框(F)

▨　图像(G)...

图 5-11 "放置"菜单

表 5-1 原理图符号绘制工具栏图标与"放置"菜单中图标的对应关系表

图标	"放置"菜单命令	功　能
╱	放置→线	绘制直线
∿	放置→贝赛尔曲线	绘制贝赛尔曲线
⌒	放置→椭圆弧	绘制椭圆弧线
⬠	放置→多边形	绘制多边形
A	放置→文本字符串	插入文字
▣	放置→文本框	插入文本框
▢	放置→矩形	绘制直角矩形
▢	放置→圆角矩形	绘制圆角矩形
◯	放置→椭圆	绘制椭圆形及圆形
▨	放置→图像	插入图片
¹₀ℓ	放置→引脚	绘制引脚

2. IEEE 符号工具栏

单击实用工具中的  ，则会弹出相应的 IEEE 符号工具栏，如图 5-12 所示，图中是符合 IEEE 标准的一些图形符号。同样地，该工具栏中各个符号的功能与执行"放置"→"IEEE 符号"命令后弹出的菜单(见图 5-13)中的各项操作具有对应的关系，其功能如表 5-2 所示。

○　点

←　左右信号流

▷　时钟

⅃[　低有效输入

⊓　模拟信号输入

＊　非逻辑连接

⌐　迟延输出

⬨　集电极开路

▽　高阻

▷　大电流

⊓　脉冲

⊔　延时

]　线组

}　二进制组

⅃卜　低有效输出

π　Pi 符号

≥　大于等于

⬨　集电极开路上拉

◇　发射极开路

◇　发射极开路上拉

#　数字信号输入

▷　反向器

⅁　或门

◁▷　输入输出

⫐　与门

⅏　异或门

图 5-12　IEEE 符号工具栏　　　　　　　　图 5-13　"IEEE 符号"菜单

表 5-2　IEEE 符号工具栏与"IEEE 符号"菜单的功能

图　标	功　能
○	放置低态触发符号
←	放置左向信号
▷	放置上升沿触发时钟脉冲
⊥	放置低态触发输入符号
⌒	放置模拟信号输入符号
＊	放置无逻辑性连接符号
⌐	放置具有暂缓性输出的符号
◇	放置具有开集性输出的符号
▽	放置高阻抗状态符号
▷	放置高输出电流符号
⊓	放置脉冲符号
⊢	放置延时符号
]	放置多条 I/O 线组合符号
}	放置二进制组合符号
⊦	放置低态触发输出符号
π	放置 π 符号
≥	放置大于等于号
◇	放置具有提高阻抗的开集极输出符号
◇	放置开射极输出符号
◇	放置具有电阻接地的开射极输出符号
#	放置数字输入信号
▷	放置反相器符号
⊃	放置或门符号
◁▷	放置双向信号
▷	放置与门符号
⊅	放置与或门符号
↞	放置数据左移符号
≤	放置小于等于号
Σ	放置 Σ 符号
⊓	放置施密特触发输入特性符号
↠	放置数据右移符号
◇	放置开路输出
▷	放置由左至右的信号流
◁▷	放置双向信号流

3. 模式工具栏

该工具栏用于控制当前元件的显示模式，如图 5-14 所示。

模式 ▾ ｜ ＋ － ｜ ← →

图 5-14　模式工具栏

(1) 模式 ▾：单击该图标可以为当前元件选择一种显示模式，系统默认为 Normal。

(2) ＋：单击该图标可以为当前元件添加一种显示模式。

(3) －：单击该图标可以删除元件的当前显示模式。

(4) ←：单击该图标可以切换到前一个显示模式。

(5) →：单击该图标可以切换到后一个显示模式。

5.2　简单元件绘制

在对原理图库文件的编辑环境有所了解之后，接下来通过一个具体元件的创建，使用户了解并熟练掌握建立原理图符号的方法和步骤，以便灵活地按照自己的需要，创建出美观大方、符合标准的原理图符号。

同样地，与电路原理图的绘制类似，在创建库元件之前也应该对相关的工作区参数进行合理的设置，以便提高效率和正确性。

5.2.1　设置工作区参数

选择"工具"→"文档选项"命令，也可以在库设计窗口中单击鼠标右键，在弹出的快捷菜单中选择"选项"→"文档选项"命令，启动"Schematic Library Options"对话框，如图 5-15 所示。

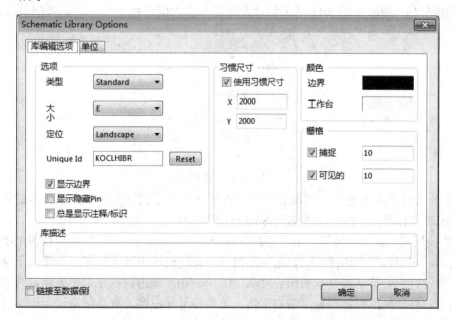

图 5-15　"Schematic Library Options"对话框

该对话框包括的内容如下：

1. 选项

选项用于设置图纸的基本属性，与原理图图纸中设置的属性类似。

(1) 类型：图纸类型。

(2) 大小：图纸尺寸。

(3) 定位：图纸放置方向。

2. 习惯尺寸

元件符号库中也可以采用自定义图纸，在该栏中的文本框中可以输入自定义图纸的大小。

3. 颜色

(1) 边界：图纸边框颜色。

(2) 工作台：图纸颜色。

4. 栅格

(1) 捕捉：锁定格点间距，此项设置将影响鼠标移动，在鼠标移动过程中将以设置值为基本单位。

(2) 可见的：可视格点，此项用于设置在图纸上显示的格点间距。

一般将"捕捉"和"可见的"两个值设置为 10。

5. 库描述

在该栏可以输入对元件库的描述。

5.2.2　创建库元件

现在利用前面介绍的绘图工具来绘制一个元件，以例题的形式介绍创建库元件的步骤。

【例 5-1】　绘制如图 5-16 所示的触发器，并将它保存在"74LS"元件库中。

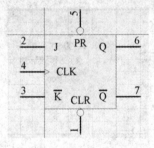

图 5-16　触发器

(1) 执行菜单"文件"→"新建"→"库"→"原理图库"命令，系统将进入原理图元件库编辑工作界面，默认文件名为 SchLib1.SchLib。

(2) 使用菜单命令"放置"→"矩形"或单击一般绘图工具栏上的 □ 按钮来绘制一个直角矩形，将编辑状态切换到画直角矩形模式。此时鼠标指针旁会多出一个大十字符号，将大十字指针中心移动到坐标轴原点处(X：0，Y：0)，单击鼠标左键把原点定为直角矩形的左上角。移动鼠标指针到矩形的右下角，再单击鼠标左键，就会结束这个矩形的绘制过程。直角矩形的大小为 6 格×6 格，如图 5-17 所示。

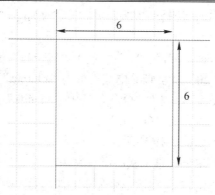

图 5-17　绘制矩形

(3) 执行菜单命令"放置"→"引脚"或单击一般绘图工具栏上的按钮 ，可将编辑模式切换到放置引脚模式，此时鼠标指针旁会多出一个大十字符号及一条短线，接着分别绘制 7 个引脚，如图 5-18 所示。

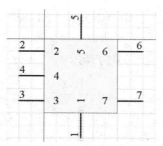

图 5-18　放置引脚后的图形

在放置引脚时，可以按 Space 键使引脚旋转一定角度，如引脚 1 旋转 270°，引脚 5 旋转 90°。

(4) 双击需要编辑的引脚，或者先选中引脚，然后单击鼠标右键，从快捷菜单中选取 Properties 命令，进入引脚属性对话框，在对话框中对引脚属性进行修改。

① 引脚 1。名称"Name"修改为"CLR"，不选中"Visible"复选框(因为引脚名一般是水平布置的，而旋转后名称也会旋转)，并在"Outside Edge"下拉列表中选择"Dot"选项，旋转角度为"270°"，"Length"编辑框中输入"20"，即引脚长设置为"20"，引脚的电气类型为"Input"。

② 引脚 2。名称"Name"修改为"J"，选中"Visible"复选框，旋转角度为"180°"，"Length"编辑框中输入"20"，引脚的电气类型为"Input"。

③ 引脚 3。名称"Name"修改为"K\"(当用户需要输入字母上带一横的字符时，可以使用"\"来实现，本例中引脚 3 的"Name"编辑框中输入"K\"，在图形中显示的即为 $\overline{K}$)，选中"Visible"复选框，旋转角度为"180°"，"Length"编辑框中输入"20"，引脚的电气类型为"Input"。

④ 引脚 4。名称"Name"修改为"CLK"，选中"Visible"复选框，并在"Inside Edge"下拉列表中选择"Clock"选项，旋转角度为"180°"，"Length"编辑框中输入"20"，引脚的电气类型为"Input"。

⑤ 引脚 5。名称"Name"修改为"PR"，不选中"Visible"复选框，并在"Outside Edge"

下拉列表中选择"Dot"选项，旋转角度为"90°"，"Length"编辑框中输入"20"，引脚的电气类型为"Input"。

⑥ 引脚 6。名称"Name"修改为"Q"，选中"Visible"复选框，旋转角度为"0°"，"Length"编辑框中输入"20"，引脚的电气类型为"Output"。

⑦ 引脚 7。名称"Name"修改为"Q\"，选中"Visible"复选框，"Length"编辑框中输入"20"，引脚的电气类型为"Output"。

引脚属性修改后的图形如图 5-19 所示。

注意：当用户需要输入字母上带一横的字符时，可以使用"\"来实现，本例中引脚7的"Name"编辑框中输入"Q\"，在图形中显示的即为 $\overline{Q}$。

(5) 通常在原理图中会把电源引脚隐藏起来，所以在绘制电源引脚时，需要将其属性设置为"Hidden"(在引脚属性对话框中设置)。本实例分别绘制两个电源引脚：

① 引脚 16 的名称为"VCC"，电气特性为"Power"，引脚旋转角度为"180°"，长度为"20"。

② 引脚 8 名为接地"GND"，电气特性为"Power"，引脚旋转角度为"0°"，长度为"20"。

绘制了这两个引脚后的图形如图 5-20 所示。

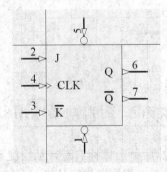 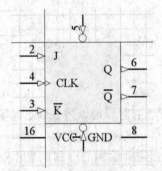

图 5-19　修改引脚属性后的元件图　　图 5-20　绘制电源引脚后的元件图

(6) 电源引脚有时候在元件图中不显示，本实例绘制的元件图就不显示这两个电源引脚。所以可以分别双击引脚 8 和 16，或选择快捷菜单的"Properties"命令，进入引脚属性对话框中选中"Hide"复选框，并在"Connect To"编辑框中输入这两个引脚所连接的网络名，如引脚 8 连接的为 GND，引脚 16 连接的为 VCC。然后关闭对话框，这两个电源引脚将不会显示出来，并且已经设置其分别和 GND 网络及 VCC 网络相连接，图形显示与图 5-20 一样。

说明：引脚 1 和 5 的名称分别为 CLR 和 PR，也没有显示，但是与隐藏引脚不一样，其隐藏名称时不选择"Name"后的"Visible"复选框。

(7) 因为引脚 1 和 5 的名称没有显示出来，所以必须分别向这两个引脚添加文本，即执行"Place"→"Text String"命令，或直接从绘图工具栏中选择放置文本的命令，分别在引脚 1 和 5 的名称端放置"CLR"和"PR"文字。

刚放置注释文字时，仅仅放置了"Text"文字块，只需要对其属性进行修改就可实现插入 CLR 和 PR 注释文字。放置文本时按 Tab 键或者放置了文本后进入文本属性对话框，对引脚 1 和 5 的文本属性进行如下修改：

① 引脚 1 的文本："Text"文本修改为"CLR"，"Location X"修改为"22"，"Location Y"修改为"-58"，颜色修改为黑色。

② 引脚 5 的文本："Text"文本修改为"PR"，"Location X"修改为"25"，"Location Y"修改为"-12"，颜色修改为黑色。

插入注释文字后，获得最终的元件图。

(8) 执行菜单命令"工具"→"重新命名器件"，打开"Rename Component"对话框，如图 5-21 所示，将元件名称改为"SN74LS109"，然后执行菜单命令"文件"→"保存"，将元件保存到当前元件库文件中，库文件名为"74LS.SchLib"。

图 5-21　元件重命名对话框

(9) 在元件库编辑管理器中选中该元件，然后单击"Edit"按钮，系统将弹出如图 5-22 所示的元件属性对话框。此时可以设置默认流水号、元件封装形式以及其他相关描述。

① Default Designator(流水号)：元件默认流水号为"U?"。

② Description(描述)：元件的描述为"J-K 正边缘触发器"。

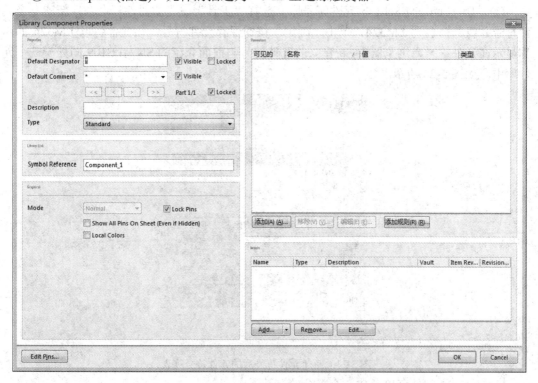

图 5-22　元件属性对话框

5.3　复杂元件绘制

随着芯片集成技术的迅速发展，芯片能够完成的功能越来越多，芯片上的引脚数目也越来越多。在这种情况下，如果将所有的引脚绘制在一个元件符号上，元件符号将过于复杂，导致原理图上的连线混乱，难以管理。针对这种情况，Altium Designer 提供了元件分部分(part)绘制的方法来绘制复杂的元件。

分部分绘制元件符号的操作和普通元件符号的绘制大体相同，流程也类似，只是分部分绘制元件符号中需要对元件进行分解，一个部分一个部分地绘制符号，这些符号彼此独立，但都从属于一个元件。分部分绘制元件符号的步骤如下：

(1) 新建一个元件符号，并命名保存。

(2) 对芯片的引脚进行分组。

(3) 绘制元件符号的一个部分。

(4) 在元件符号中新建部分，重复步骤(3)，绘制新的元件符号部分。

(5) 重复步骤(4)到所有的部分绘制完成，此时元件符号绘制完成。

(6) 注释元件符号，设置元件符号的属性。

接下来举例说明具体的操作步骤。

【例 5-2】 绘制 LM324 芯片，根据该芯片的数据手册，该芯片共 14 个引脚，单片集成了 4 个运算放大器。

(1) 打开 SchLib1.SchLib 元件符号库，选择"工具"→"新器件"命令，新建一个元件符号并将其命名为 LM324，单击"确定"按钮保存元件符号。该元件将以 LM324 的名称显示在元件符号库浏览器中，新建立的元件符号与前面介绍的 SN74LS109 同处于一个元件库中，如图 5-23 所示。

图 5-23　新建元件符号后的元件符号列表

(2) LM324 元件可以分成 4 个部分绘制。

部分 1：包含引脚 12、13、14、4、11，即一个运算放大器。

部分 2：包含引脚 1、2、3，即一个运算放大器。

部分 3：包含引脚 8、9、10，即一个运算放大器。

部分 4：包含引脚 5、6、7，即一个运算放大器。

(3) 元件符号中一个部分的绘制。

在完成元件符号的新建之后，即可在工作窗口中绘制元件的第 1 部分。元件第 1 部分的绘制和整个元件的绘制方法相同，都是绘制一个三角形边框，再添加上引脚，然后对元件符号进行讲解，整个元件的绘制基本上采用单击 ⬠ 工具按钮即可完成。

绘制步骤如下：

① 单击画图工具栏中的 ⬠ 按钮，进入绘制边框线段的状态。

② 绘制一个三角形边框，也可以绘制 3 条线段，组合为一个三角形，如图 5-24 所示。

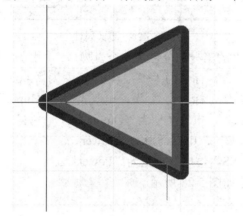

图 5-24 绘制三角形边框

图 5-24 所示的运算放大器的边框线有点粗，这是因为在绘制图形时默认线的粗细为 "Large"，可以更改为 "Small"。双击该三角形，打开 "多边形" 对话框，如图 5-25 所示。首先将 "拖拽实体" 复选框的钩去掉，接着更改边框宽度为 "Small"，如图 5-26 所示。更改后的结果如图 5-27 所示。

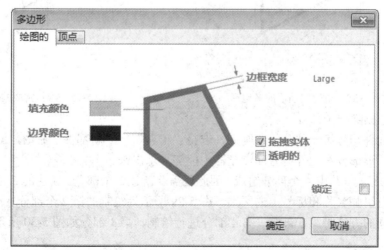

图 5-25 "多边形" 对话框

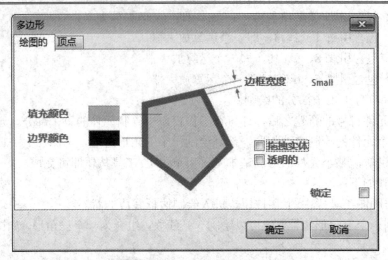

图 5-26　更改属性

③ 放置引脚。在元件的第一部分包含 5 个引脚，5 个引脚的属性设置如下：

引脚 12：名称为"12"，标号为"+"，电气类型为"Input"。

引脚 13：名称为"13"，标号为"−"，电气类型为"Input"。

引脚 14：名称为"14"，电气类型为"Output"。

引脚 4：名称为"VCC"，电气类型为"Power"。

引脚 11：名称为"VSS"，电气类型为"Power"。

绘制完成的元件符号如图 5-28 所示。

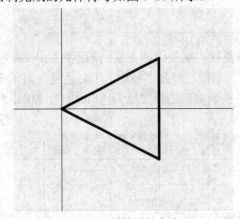

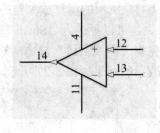

图 5-27　更改属性后的多边形　　　　　　　　图 5-28　绘制完成的元件符号

(4) 新建/删除一个部分。

在完成元件符号第一部分的绘制后，选择"工具"→"新部件"命令，即可新建一个部分的操作，该部分在元件符号库浏览器中能够显示出来。

元件 LM324 一共由 4 个部分组成，因此还需要新建 3 个部分。新建的 3 个部分符号非常相似，只有引脚名称和标号上的区别。图 5-29 所示为绘制的第 2 个部分。

按照相同的方法将第 3 部分、第 4 部分进行绘制，第 3 部分如图 5-30 所示，第 4 部分如图 5-31 所示。

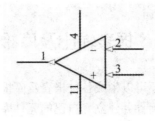

图 5-29　LM324 的第 2 个部分

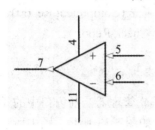

图 5-30　LM324 的第 3 个部分

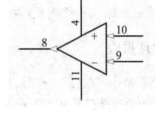

图 5-31　LM324 的第 4 个部分

(5) 设置元件符号的属性。

完成各个部分的绘制后，选择"工具"→"器件属性"命令，会弹出如图 5-32 所示的对话框。

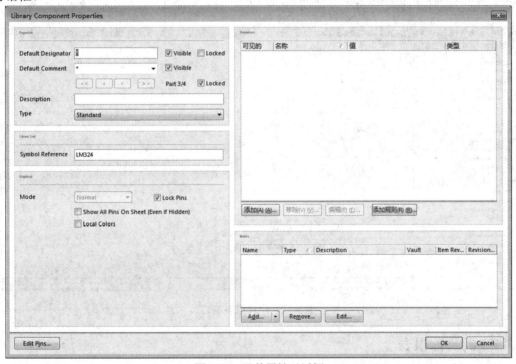

图 5-32　器件属性对话框

在图 5-32 中可以设置元件符号的属性。

Default Designator：该项设置为"U"。

Default Comment：该项目设置为元件符号的名称"LM324"。

在完成属性设置后，就完成了 LM324 元件的绘制。

5.4　报表输出及库报告

在原理图库文件编辑器中，还可以生成各种报表及库报告，作为对库文件进行管理的辅助工具。用户在创建了自己的库元件并建立好自己的元件库以后，通过各种相应的报表，可查看库元件的详细信息，进行元件规则的有关检测，以进一步完善所创建的库及库元件。

在元件库编辑器里，可以生成以下三种报告：元件报表(Component Report)、元件库报表(Library Report)和元件规则检测报表(Component Rule Check Report)。

5.4.1　元件报表

通过菜单命令"报告"→"器件"，可对元件库编辑管理器当前窗口中的元件生成元件报表，系统会自动打开文本编辑程序来显示其内容，如图5-33所示。图中所示为元件报表 Example.Lib 中 LM324 元件的元件报表内容。

元件报表的扩展名为.cmp，元件报表列出了该元件的所有相关信息，如子元件个数、元件组名称以及各个子元件的引脚细节等。

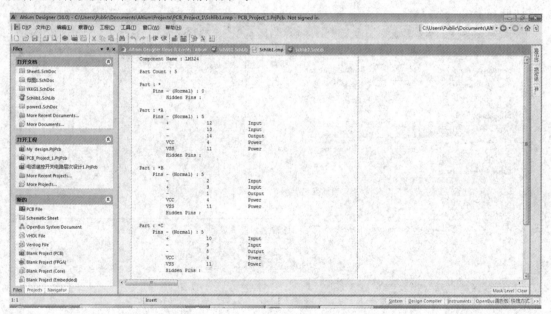

图 5-33　元件报表窗口

5.4.2　元件库报表

元件库列表列出了当前元件库中所有元件的名称及其相关描述，元件库列表的扩展名为.rep。通过菜单命令"报告"→"库列表"，可对元件库编辑管理器当前的元件库生成元件库列表，系统会自动打开文本编辑程序来显示其内容。图 5-34 所示为 5.4.1 节中 LM324 创建的 FPGA_Spartan.SchLib 元件库的元件库列表内容。

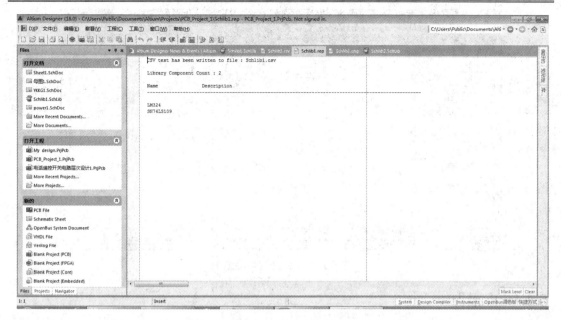

图 5-34　元件库报表窗口

5.4.3　元件规则检测报表

　　元件规则检测报表主要用于帮助用户进行元件的基本验证工作，包括检测元件库中的元件是否有错，并将有错的元件列出来、指明错误原因等。

　　执行菜单命令"报告"→"器件规则检测"，系统将弹出如图 5-35 所示的"库元件规则检测"对话框，在该对话框中可以设置检测属性。

　　"库元件规则检测"对话框中各复选框的含义如下：

　　(1) 元件名称：检测元件库中的元件是否有重名的情况。

　　(2) Pin 脚：检测元件的引脚是否有重名的情况。

　　(3) 描述：检测是否有元件遗漏了元件描述。

图 5-35　"库元件规则检测"对话框

　　(4) pin 名：检测是否有元件遗漏了引脚名称。

　　(5) 封装：检测是否有元件遗漏了封装描述。

　　(6) Pin Number：检测是否有元件遗漏了引脚号。

　　(7) 默认标识：检测是否有元件遗漏了默认流水序号。

　　(8) Missing Pins Sequence：检测按照序列是否遗漏了元件引脚。

　　这里以所保存的前面绘制元件的元件库为例，执行菜单命令"报告"→"器件规则检测"，则生成的元件规则检测结果如图 5-36 所示。

图 5-36　元件规则检测结果

5.4.4　库报告

Altium Designer 可以生成元件库报告，报告文件可以是 Word 文档。元件库报告中包含了元件库所有元件的各种信息，如元件的图形、元件名称、参数等。

执行菜单命令"报告"→"库报告"，系统会弹出如图 5-37 所示的"库报告设置"对话框。在该对话框中，可以选择生成的文件类型，如 .doc 或 .html 文件；还可以设置包含到报告中的内容，如元件参数、元件引脚或元件模型等。设置好了需要输出的内容后，按"确定"按钮就可以生成当前打开的元件库的元件报告。

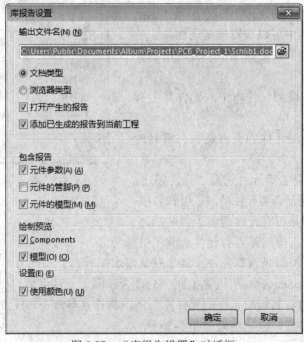

图 5-37　"库报告设置"对话框

习　题

1. 创建 1.SchLib 文件，绘制满足下面要求的元件。

(1) 如图 5-38 所示，元件名称为"DY"。

(2) 如图 5-39 所示，元件名称为"MOTOR"。

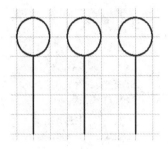

图 5-38　　　　　　　　　　　图 5-39

(3) 如图 5-40 所示，元件名称为"BJT"。

(4) 如图 5-41 所示，元件名称为"变压器 1"。

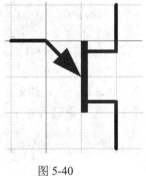

图 5-40　　　　　　　　　　　图 5-41

(5) 如图 5-42 所示，元件名称为"变压器 2"。

(6) 如图 5-43 所示，元件名称为"光耦三极管"。

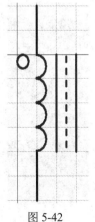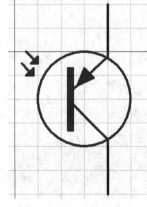

图 5-42　　　　　　　　　　　图 5-43

(7) 如图 5-44 所示，元件名称为"COM5"。

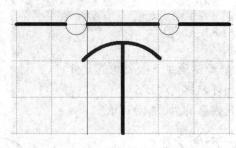

图 5-44

2. 元器件的绘制练习(文件名为 2.SchLib)。

(1) 如图 5-45 所示，元件名称为"七段数码管。

(2) 如图 5-46 所示，元件名称为"LMC6953"。

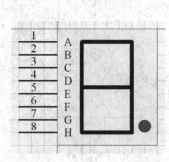

图 5-45　　　　　　　　　　　　图 5-46

3. 进行包含多部分元器件的绘制练习(文件名 3.SchLib)。元件名称为 74F06。该元件包含 6 个部分，图 5-47 中显示了 3 个部分，还有 3 个部分请自行查手册寻找引脚序号。

部分 1　　　　　　　　　　部分 2　　　　　　　　　　部分 3

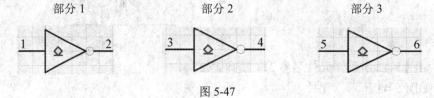

图 5-47

第 6 章　印刷电路板的设计

PCB 是印刷电路板的英文名称 Printed Circuit Board 的缩写。通常情况下，进行电子电路图设计时，在原理图设计完成后，需要设计一块 PCB 来完成原理图中的电气连接，并将各种元件焊接在 PCB 板上，经过调试后，PCB 能完成原理图上实现的功能。原理图设计得再完美，如果电路板设计得不合理，性能也将大打折扣，严重时甚至不能正常工作。制板商要参照用户所设计的 PCB 图来进行电路板的生产。由于要满足功能上的需要，因此电路板设计往往有很多规则要求，如要考虑实际中的散热和干扰等问题。

本章主要介绍印刷电路板的结构、印刷电路板设计的基本原则、PCB 设计环境以及 PCB 设计流程等知识，使读者对电路板的设计有一个全面的了解。

6.1　印刷电路板的基础

6.1.1　印刷电路板概述

1. 印刷电路板的结构

印刷电路板(PCB)也称为印制电路板或电路板，它通过一定的制作工艺，在绝缘度非常高的基材上覆盖上一层导电性能良好的铜薄膜构成覆铜板，然后根据具体的 PCB 图的要求，在覆铜板蚀刻出 PCB 图上的导线，并钻出印刷板安装定位孔以及焊盘和导孔。

1) 印刷电路板的分类

电路板的分类方法比较多。根据 PCB 的制作板材不同，电路板可以分为纸质板、玻璃布板、玻纤板、挠性塑料板。其中挠性塑料板由于可承受的变形较大，常用于制作印制电缆；玻纤板可靠性高，透明性较好，常用作实验电路板，易于检查；纸质板的价格便宜，适用于大批量生产要求不高的产品。

根据印刷电路板的结构，印刷板可以分成单面板、双面板和多层板三种。这种分法主要与 PCB 设计图的复杂程度相关。

(1) 单面板(Single-Sided Boards)：零件集中在其中一面，导线则集中在另一面上(有贴片元件时和导线为同一面，插件器件在另一面)。因为导线只出现在其中一面，所以这种 PCB 叫作单面板。单面板结构比较简单，制作成本较低。但是单面板只有一面布线，线间不能交叉而必须绕独自的路径。对于复杂的电路，单面板布线难度很大，布通率往往较低，因此通常只有比较简单的电路才采用单面板的布线方式。

(2) 双面板(Double-Sided Boards)：两面都有布线，一面称为顶层(Top Layer)，另一面称为底层(Bottom Layer)。对于插件元件，顶层一般放置元件，底层一般为焊接面。对于贴片元件，元件放置与焊接同一面。双面板两面都敷上铜箔，因此 PCB 图中两面都可以布线，并且可以通过过孔在不同工作层中切换走线。相对于多层板而言，双面板制作成本不高。对于一般电路的应用电路，在给定一定面积的时候通常都能 100%布通，因此目前双面板使用概率高。

(3) 多层板(Multi-Layer Boards)：为了增加布线的面积，多层板采用了更多单面或双面的布线板。用一块双面作内层、两块单面作外层，或两块双面作内层、两块单面作外层的印刷线路板，通过定位系统及绝缘黏结材料交替连在一起且导电图形按设计要求进行互连的印刷线路板称为四层、六层印刷电路板，也称为多层印刷线路板。板子的层数并不代表有几层独立的布线层，在特殊情况下会加入空层来控制板厚，通常层数都是偶数，并且包含最外侧的两层。多层板可以极大程度地解决电磁干扰问题，提高系统的可靠性，同时也可以提高布通率，缩小 PCB 的面积，但是也增加了制作成本。

2) 印刷电路板的组成

形成成品的 PCB 是元件由印刷电路板材料支撑、通过印刷板材料中的铜箔层进行电气连接的电路板，在电路板的表面还有对 PCB 起注释作用的丝印层。

总结起来，印刷电路板包含以下几个组成部分。

(1) 元件：用于完成电路功能的各种元器件。

(2) 铜箔：在电路板上可以表现为导线、焊盘、过孔和敷铜等。其各自的作用如下：

① 导线：用于连接电路板上各种元器件的引脚。

② 过孔：在多层的电路板中，为了完成电气连接的建立，在某些导线上会显示过孔。

③ 焊盘：用于在电路板上固定元件，也是信号进入元件的通路的组成部分。

④ 敷铜：用于在电路板上的某个区域填充铜箔，以改善电路性能。

(3) 丝印层：印刷电路板的顶层，采用绝缘材料制成。在丝印层上可以注释板和元件的信息。丝印层还能起到保护顶层导线的功能。

(4) 印制材料：采用绝缘材料制成，用于支撑整个电路板。

2. PCB 的板层

Altium Designer 可以设置 74 个板层，包含 32 层 Signal(信号走线层)、16 层 Mechanical(机械层)、16 层 Internal Plane(内电源层)、2 层 Solder Mask(阻焊层)、2 层 Paste Mask(助焊层，即锡膏层)、2 层 Silkscreen(丝印层)、2 层钻孔层(钻孔引导和钻孔冲压)、1 层 Keep-Out(禁止层)和 1 层 Multi-Layer(横跨所有的信号板层)。

Altium Designer 提供层堆栈管理器对各层属性进行管理。在层堆栈管理器中，用户可定义层的结构，看到层堆栈的立体效果。首先在工程下创建一个 PCB 文档，如图 6-1 所示，创建完成后，PCB 文档就出现在工程下方，如图 6-2 所示；然后对 PCB 文档进行保存，可以用系统默认的 PCB 文档名称，也可以重新命名。

图 6-1　在工程下创建文档

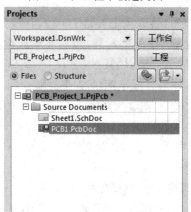

图 6-2　PCB 文档创建完成

对电路板工作层的管理可以执行"设计"→"层叠管理"命令，系统将弹出如图 6-3 所示的对话框。对话框中，左边显示了层的结构，右边表格里显示的是对应各层的名称、类型、材料、厚度等。

(1) 单击"Add Layer"按钮，选择"Add Layer"，可添加中间信号层。

(2) 单击"Add Layer"按钮，选择"Add Internal Plane"，可添加内电源/接地层。

(3) 单击"Delete Layer"按钮，删除选择的那层。并不是所有的层都可以删除，"Top Layer"、"Bottom Layer"、"Dielectric 1"这几个层不能被删除。

(4) 单击"Move Up"或者"Move Down"按钮，表示上移或下移，只有选择"Top Solder"、"Top Overlay"、"Bottom Solder"、"Bottom Overlay"这几个层的时候才能使用。

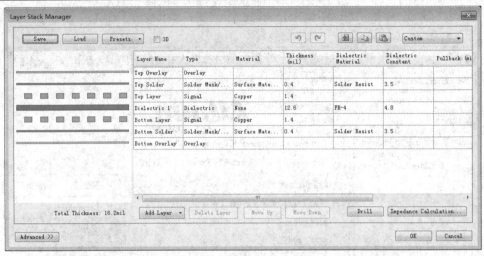

图 6-3　PCB 层堆栈管理器对话框

3. PCB 元件封装

元件封装是指实际的电子元件焊接到电路板时所指示的轮廓和焊点的位置，它使元件引脚和印制电路板上的焊盘保持一致。纯粹的元件封装只是一个空间的概念，不同的元件有相同的封装，同一个元件也可以有不同的封装。所以在取用焊接元件时，不仅要知道元件的名称，还要知道元件的封装。

1) 元件封装的种类

在结构方面，封装从最早期的晶体管 TO(如 TO-89、TO92)封装发展到了双列直插封装，随后由 PHILIP 公司开发出了 SOP 小外型封装，以后逐渐派生出 SOJ(J 型引脚小外形封装)、TSOP(薄小外形封装)、VSOP(甚小外形封装)、SSOP(缩小型 SOP)、TSSOP(薄的缩小型 SOP)、SOT(小外形晶体管)、SOIC(小外形集成电路)等。在材料介质方面，包括金属、陶瓷、塑料，很多满足高强度工作条件需求的电路(如军工和宇航级别)中仍有大量的金属封装。

封装主要分为针脚式元件封装和表面贴片式(SMT)元件封装。

(1) 针脚式元件封装。针脚式元件封装是针对针脚类元件的，如图 6-4 所示。在 PCB 编辑窗口，双击针脚式元件的任一焊盘，即可弹出针脚式元件焊盘参数对话框。其中焊盘的参数信息如图 6-5 所示，焊盘属性信息如图 6-6 所示。可以看出，焊盘的板层必须为 Multi-Layer，因为针脚式元件在焊接时，先要将元件针脚插入焊盘导孔中，并贯穿整个电路板，然后再焊接。

图 6-4　针脚式元件封装

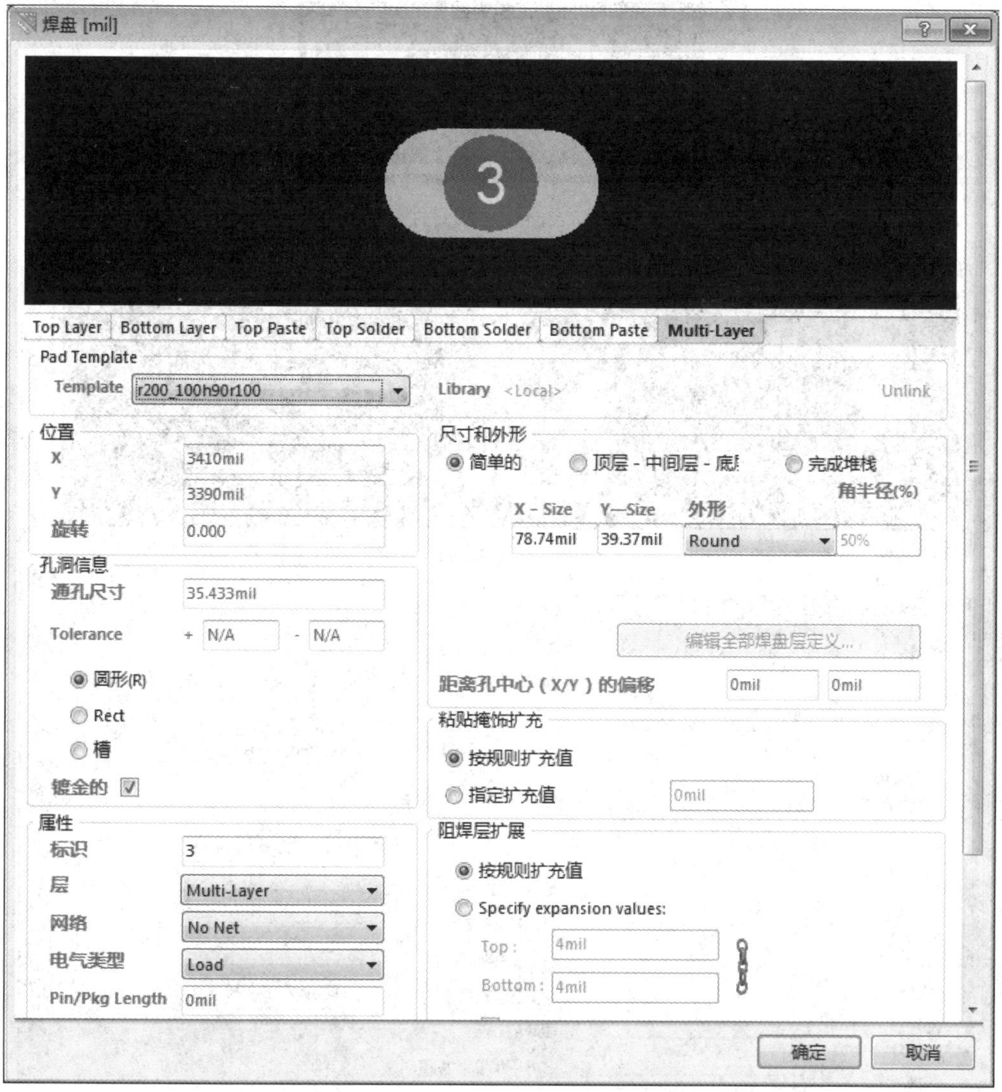

图 6-5　针脚式元件的焊盘参数信息

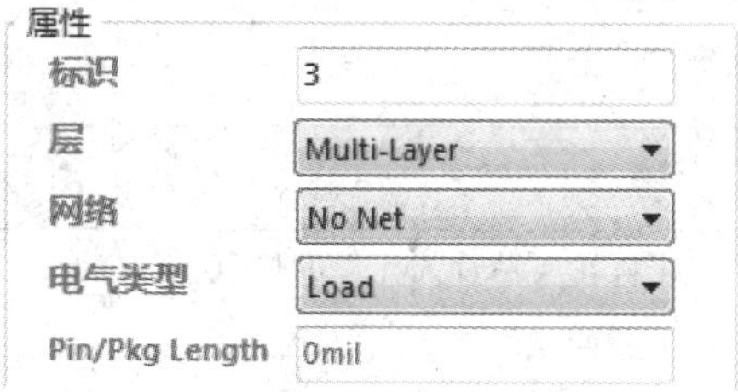

图 6-6　焊盘属性信息

(2) 表面贴片式(SMT)元件封装。表面贴片式(SMT)元件封装如图 6-7 所示。此类封装的焊盘只限于表层，即顶层或底层，其焊盘的属性信息中，Layer 板层属性必须为单一表面。在 PCB 编辑窗口，双击贴片式元件的任一焊盘，即可弹出贴片式元件的焊盘参数对话框，如图 6-8 所示。其中，焊盘属性信息如图 6-9 所示。

图 6-7　表面贴片式元件封装

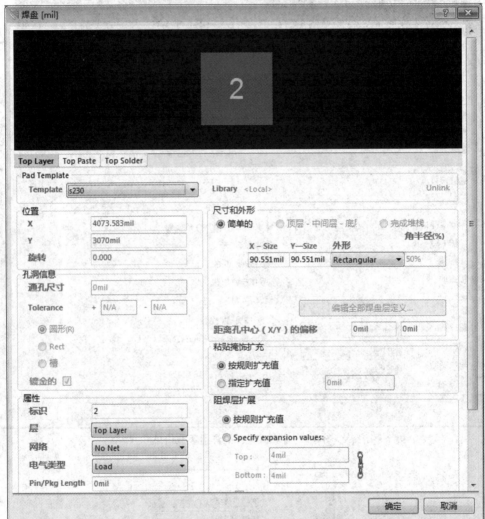

图 6-8　贴片式元件的焊盘参数信息

属性		
标识	2	
层	Top Layer	
网络	No Net	
电气类型	Load	
Pin/Pkg Length	0mil	

图 6-9　焊盘属性信息

2) 元件封装的命名

元件封装的命名原则为：元件类型+焊盘距离(焊盘数)+元件外形尺寸。可以根据元件的名称来判断元件封装的规格。例如，电阻元件的封装为 AXIAL-0.3，表示元件封装为轴状，两焊盘之间的距离为 0.3 英寸(等于 300 mil)；DIP-8 表示双列直插式元件封装，数字 8 是焊盘的个数，CAPPR1.5-4×5 表示极性电容的封装，这几个数据的单位为 mm，1.5 表示两个焊盘之间的距离为 1.5 mm，4 是外面圆的直径，5 是十字离圆的边缘的最远距离。

3) 常用元件的封装

因为元件的种类繁多，所以其封装类型也很多。即便是同一种功能的元件，也可能因为生产厂家不一样，封装也不同，所以无法一一列举。

常用的插件式分立元件封装有极性电容类(RB5-10.5 至 RB7.6-15)、非极性电容类(RAD-0.1 至 RAD-0.4)、电阻类(AXIAL-0.3 至 AXIAL-1.0)、可变电阻类(VR1 至 VR5)、晶体三极管类(BCY-W3)、二极管类(DIODE-0.5 至 DIODE-0.7)和常用的集成电路 DIP-XXX 封装、SIL-XXX 封装等，这类封装大多数可以在"Miscellaneous Devices PCB.PcbLib"元件库中找到。

4．PCB 的其他术语

1) 铜模导线与飞线

(1) 铜模导线。铜模导线是在印制电路板上布置的铜质线路，也称为导线，用于传递电流信号，实现电路的物理连接。导线从一个焊点走向另外一个焊点，其宽度、走线路径等对整个电路板的性能有着直接的影响。导线是印刷电路板的重要组成部分，电路板设计工作的很大一部分是围绕如何布置导线来进行的，是电路板设计的核心。

(2) 飞线。与 PCB 编辑器中的电路板设计相关的还有一种线，叫作飞线，其作用是指示 PCB 中各节点的电气逻辑连接关系，而不是表示物理上的连接，也可以称之为预拉线。飞线是根据网络表中定义的引脚连接关系生成的，在引入网络表后，PCB 中各元件之中都采用飞线指示连接关系，直到两节点间布置了铜模导线。

2) 焊盘和过孔

(1) 焊盘。焊盘是用焊锡连接元件引脚和导线的 PCB 图件。其形状主要有 4 种类型，如图 6-10 所示，分别是圆形(Round)、方形(Rectangular)、八边形(Octagonal)和圆角矩形(Rounded Rectangle)。焊盘主要有两个参数：孔径尺寸(Hole Size)和焊盘大小。

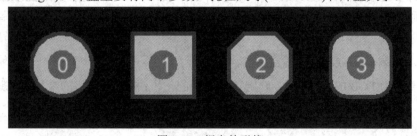

图 6-10　焊盘的形状

(2) 过孔。过孔是连接不同板层间导线的 PCB 图件。过孔有 3 种类型，分别是：从顶层到底层的穿透式过孔、从顶层通到内层或从内层通到底层的盲孔、内层间的屏蔽过孔。过孔一般都为圆形。过孔的主要参数为孔尺寸和直径，如图 6-11 所示。

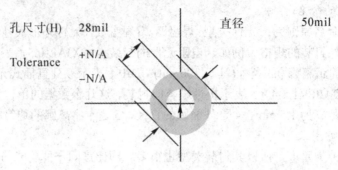

图 6-11　过孔的尺寸

3) 网络、中间层和内层

网络和导线是不同的，网络上还包含焊点，因此在提到网络时不仅指导线还包括和导线连接的焊盘、过孔。

中间层和内层是两个容易混淆的概念。中间层是指用于布线的中间板层，该层中布的是导线；内层是指电源层或地线层，该层一般情况下不布线，它是由整片铜模构成的电源线或地线。

4) 安全距离

安全距离是指在印刷电路板上，为了避免导线、过孔、焊盘之间相互干扰而留出的间隙。一般的安全距离主要由线路中的电流大小来定，电流很小，可以取 10 mil 或者更小，还要考虑厂家能否生产。只有强电部分或者电流比较大的线路其安全间距才要求 100 mil 以上。

5) 物理边界与电气边界

(1) 物理边界。物理边界是电路板的形状边界。在制板时用机械层来规范它。

(2) 电气边界。电气边界用来限定布线和放置元件的范围，是通过在禁止层绘制边界来实现的。

一般情况下，物理边界的尺寸等于电气边界，通常用电气边界代替物理边界。

6.1.2　印刷电路板设计的基本原则

在进行 PCB 设计时，必须遵守 PCB 设计的一般原则，并应符合抗干扰设计的要求。即使电路原理图设计得正确，由于印刷电路板设计不当，也会对电子设备的可靠性产生不利的影响。

1. PCB 设计的一般原则

首先要考虑 PCB 的尺寸大小，确定特殊组件的位置；接着对电路的全部零件进行布局；然后布线。具体原则如下：

1) PCB 的尺寸

印刷电路板大小要适中，过大时印刷线条长，阻抗增加，不仅抗噪声能力下降，成本也高；过小则散热不好，同时易受临近线路干扰。

2) 布局

(1) 按照电路的流程安排各个功能电路单元的位置，使布局便于信号流通，并使信号尽可能保持方向一致。

(2) 以每个功能电路的核心组件为中心，围绕它来进行布局。

(3) 在高频信号下工作的电路，要考虑零件之间的分布参数。

(4) 位于电路板边缘的零件，离电路板边缘一般不小于 2 mm。电路板的最佳形状为矩形，长宽比为 3∶2 或 4∶3，电路板面积尺寸大于 200 mm×150 mm 时，应考虑电路板所承受的机械强度。

(5) 时钟发生器、晶振和 CPU 的时钟输入端应尽量相互靠近且远离其他低频器件。

(6) 电流值变化大的电路应尽量远离逻辑电路。

(7) 印刷板在机箱中的位置和方向应保证散热量大的器件处在正上方。

3) 特殊组件

(1) 尽可能缩短高频器件之间的连线，减少它们的电磁噪声。

(2) 应加大电位差较高的某些器件之间或导线之间的距离，以免意外短路。

(3) 质量超过 15 g 的器件，应当用支架加以固定，然后焊接。

(4) 对于电位器、可调电感线圈、可变电容器、微动开关等可调组件的布局应考虑整机的结构要求。

(5) 应留出印刷电路板定位孔及固定支架所占用的位置。

4) 布线

(1) 输入/输出端用的导线应尽量避免相邻平行，最好加线间地线，以免发生反馈耦合。

(2) 印刷电路板导线间的最小宽度主要是由导线与绝缘基板间的黏附强度和流过它们的电流值决定的。只要允许，尽可能用宽线，尤其是电源线和地线。对于集成电路，尤其是数字电路，只要制作技术上允许，可使间距小至 5～6 mm。导线的最小间距主要由最坏情况下的线间绝缘电阻和击穿电压决定。

(3) 功率线、交流线尽量布置在和信号线不同的板上，否则应和信号线分开走线。

5) 焊点

焊点中心孔要比器件引线直径稍大一些，焊点太大易形成虚焊。焊点外径 D 一般不小于 $(d+1.2)$mm，其中 d 为引线孔径。

6) 电源线

根据印刷电路板电流的大小，尽量加粗电源线宽度，使电源线、地线的走向和数据的传输方向一致。

7) 地线

在电子产品中，接地是抑制噪声的重要方法。

(1) 正确选择单点接地与多点接地。信号的工作频率小于 1 MHz，采用一点接地。信号的工作频率大于 10 MHz，采用就近多点接地。信号的工作频率为 1～10 MHz 时，如果采用一点接地，则其地线长度不应超过波长的 1/20，否则应采用多点接地。

(2) 将数字电路电源与模拟电路电源分开。

(3) 尽量加粗接地线。如果条件允许，接地线的宽度应大于 3 mm。

(4) 将接地线构成死循环电路。

8) 去耦电容配置

在数字电路中，当电路以一种状态转换为另一种状态时，就会在电源线上产生一个很大的尖峰电流，形成瞬间的噪声电压。配置旁路电容可以抑制因负载变化而产生的噪声。

(1) 电源输入端跨接一个 10～100 μF 的电解电容器。

(2) 每个集成芯片的 VCC 和 GND 之间跨接一个 0.01～0.1 μF 的陶瓷电容。

(3) 对抗噪声能力弱、关断电流变化大的器件及 ROM、RAM，应在 VCC 和 GND 间接去耦电容。

(4) 在单片机复位端 "RESET" 上配以 0.01 μF 的去耦电容。

(5) 去耦电容的引线不能太长，尤其是高频旁路电容不能带引线。

(6) 开关、继电器、按钮等可能产生火花放电，必须采用 RC 电路来吸收放电电流。

9) 热设计

从有利于散热的角度出发，印制电路板最好直立安装，板与板之间的距离一般不应小于 2 cm，而且组件在印制板上的排列方式应遵循一定的规则。

对于采用自由对流空气冷却的设备，最好将集成电路(或其他组件)按纵长方式排列，如图 6-12 所示。

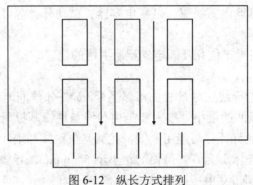

图 6-12　纵长方式排列

对于采用强制空气冷却的设备，最好将集成电路(或其他组件)按横长方式排列，如图 6-13 所示。

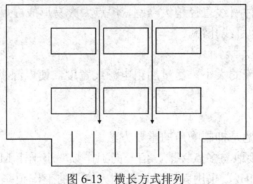

图 6-13　横长方式排列

2. PCB 的抗干扰设计原则

在电子系统设计中，为了少走弯路和节省时间，应充分考虑并满足干扰性的要求，避免在设计完成后再去进行抗干扰的补救措施。印刷电路板的抗干扰设计的一般原则如下：

1) 抑制干扰源

抑制干扰源就是尽可能地减小干扰源的 du/dt 和 di/dt。常用措施如下：

(1) 继电器线圈增加续流二极管。

(2) 在继电器接点两端并接火花抑制电路。

(3) 给电机加滤波电路。

(4) 布线时避免 90°折线。

(5) 晶闸管两端并接 *RC* 抑制电路。

2) 切断干扰传播途径

干扰按传播路径可分为传导干扰和辐射干扰两类。传导干扰是指通过导线传播到敏感器件的干扰，辐射干扰是指通过空间辐射传播到敏感器件的干扰。一般的解决方法是增加干扰源与敏感器件的距离，用地线把它们隔离和在敏感器件上加蔽罩。常用措施如下：

(1) 充分考虑电源对单片机的影响。

(2) 如果单片机的 I/O 口用来控制电机等噪声器件，则在 I/O 口与噪声源之间应加隔离。

(3) 注意晶振布线。

(4) 电路板合理分区，如强、弱信号，数字、模拟信号，尽可能把干扰源与敏感器件远离。

3) 提高敏感器件的抗干扰性能

提高敏感器件的抗干扰性能是指从敏感器件角度考虑尽量减小对干扰噪声的拾取，以及从不正常状态尽快恢复。常用措施如下：

(1) 布线时尽量减少回路环的面积，以降低感应噪声。

(2) 布线时，电源线和地线要尽量粗。

(3) 对于单片机闲置的 I/O 口，不要悬空，要接地或接电源。

3. PCB 可测性设计

PCB 可测性设计是指仪器能使测试生成和故障诊断变得容易的设计，是电路本身的一种设计特性，是提高可靠性和维护性的重要保证。

PCB 可测性设计包括两个方面的内容：结构的标准化设计和应用新的测试技术。

1) 结构的标准化设计

(1) 进行模块划分。

(2) 选取测试点和控制点。

(3) 尽可能减少外部电路和反馈电路。

2) 应用新的测试技术

常用的可测性设计技术有扫描通道、电平敏感扫描设计、边界扫描等。

6.2　PCB 编辑器

6.2.1　启动 PCB 编辑器

启动 PCB 编辑器的方法大致可以分为 4 种，分别是从 Files 面板启动、从主菜单启动、通过向导启动和从模板启动新的 PCB 文件，下面依次进行介绍。

1. 从 Files 面板启动

启动 Altium Designer 16，单击系统面板标签 System ，在其弹出的菜单中选择"Files"，打开"Files"面板，如图 6-14 所示。打开 PCB 文件，有下面三种方式可供选择。

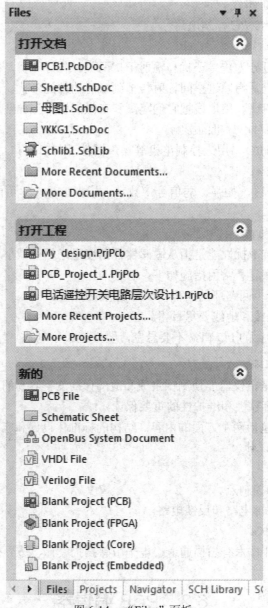

图 6-14　"Files"面板

(1) 在 Files 面板的"打开文档"区域双击 PCB 文件名称(*.PcbDoc)，启动 PCB 编辑，打开一个已有的 PCB 文件。

(2) 在 Files 面板的"打开工程"区域双击项目名称，弹出"Projects"面板，如图 6-15 所示，在项目面板中双击 PCB 文件名称，启动 PCB 编辑器，打开一个已有项目中的 PCB 文件。

图 6-15　"Projects"面板

（3）在 Files 面板的"New"区域单击"PCB File"选项，启动 PCB 编辑器，同时新建一个默认名称为 PCB1.PcbDoc 的 PCB 文件。

2. 从主菜单启动

启动 Altium Designer 16，点击"文件"菜单命令，如图 6-16 所示。打开文档，有下面三种方式可供选择。

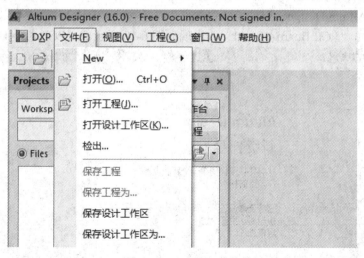

图 6-16　"文件"菜单

（1）在"文件"菜单下，点击"打开"，在弹出的打开文件对话框中双击 PCB 文件，启动 PCB 编辑器。

（2）在"文件"菜单下，点击"打开工程"，在弹出的如图 6-17 所示的选择打开项目对话框中双击项目文件，弹出项目面板，在项目面板中，单击 PCB 文件，启动 PCB 编辑器，打开已有项目中的 PCB 文件。

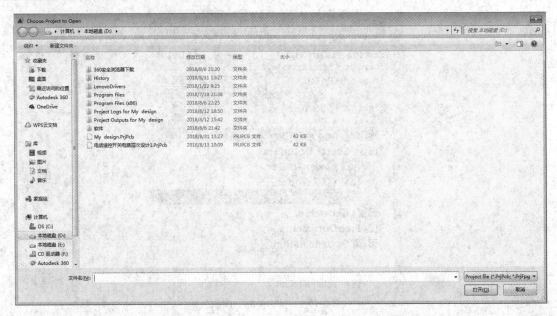

图 6-17　选择打开项目对话框

（3）在"文件"菜单下，点击"New"，再选择"PCB"，新建一个 PCB 文件，同时启动 PCB 编辑器。

3. 通过向导启动

使用 PCB 向导来创建 PCB 的操作步骤如下：

（1）启动 Altium Designer 16，点击"文件"菜单命令，在 Files 面板底部的"从模板新建文件"中单击"PCB Board Wizard"，出现如图 6-18 所示的"PCB 板向导"对话框。

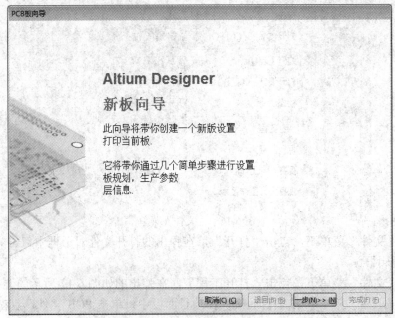

图 6-18　"PCB 板向导"对话框

(2) "PCB 板向导"对话框是一个介绍页,单击"下一步"按钮继续,系统将弹出如图 6-19 所示的对话框。此时可以设置度量单位为英制(Imperial)或公制(Metric)。注意:1000 mil = 1 in(英寸)。

图 6-19 PCB 向导——选择度量单位

(3) 单击"下一步"按钮,向导将弹出如图 6-20 所示的对话框。此时允许用户选择要使用 PCB 的图样轮廓尺寸。本书将使用自定义的 PCB 尺寸,从板轮廓列表中选择"Custom"即可,然后单击"下一步"按钮。

图 6-20 PCB 向导— —选择板子尺寸

这里需要自定义板卡的尺寸、边界和图形标志等参数。

(4) 单击"下一步"按钮,系统将弹出如图 6-21 所示的对话框。在该对话框中可以设定板卡的相关属性。

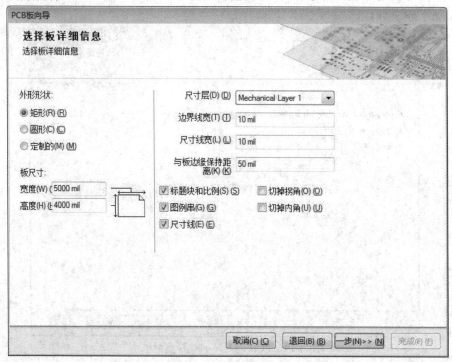

图 6-21　PCB 向导——自定义板卡的参数设置

① 矩形:设定板卡为矩形(选择该项,则可以设定板卡的宽和高)。

② 圆形:设定板卡为圆形(选择该项,则需要设定的几何参数为 Radius,即半径)。

③ 定制的:用户自定义板卡形状。

④ 宽度:设定板卡的宽度。

⑤ 高度:设定板卡的高度。

⑥ 尺寸层:设定板卡尺寸所在的层,一般选择机械层(Mechanical Layer 1)。

⑦ 边界线宽:设定导线宽度。

⑧ 尺寸线宽:设定尺寸线宽。

⑨ 与板边缘保持距离:设定板卡的电气层离板卡边界的距离。

⑩ 标题块和比例:设定是否生成标题块和比例。

⑪ 图例串:设定是否生成图例和字符。

⑫ 尺寸线:设定是否生成尺寸线。

⑬ 切掉拐角:设定是否角位置开口。

⑭ 切掉内角:设定是否内部开口。

刚开始学习 PCB 板编辑器,先取消选择"标题块和比例"、"图例串"和"尺寸线"等。单击"下一步"按钮继续操作。

(5) 系统弹出如图 6-22 所示的对话框。在该对话框中,允许用户选择 PCB 的层数,即可以选择信号层数和电源平面数。教学中的电路板比较简单,所以选择 2 层信号层和 2 个电源平面即可。单击"下一步"按钮继续操作。

图 6-22　PCB 向导——选择 PCB 的层数

(6) 系统弹出如图 6-23 所示的对话框。在该对话框中可以设置设计中使用的过孔样式，即设置为通孔或盲孔和埋孔。在此选择通孔，然后单击"下一步"按钮继续操作。

图 6-23　PCB 向导——选择过孔样式

(7) 系统弹出如图6-24所示的对话框。此时可以设置将要使用的布线技术，用户可以选择放置表面装配元件或通孔元件。如果选择表面装配元件，则还需要选择元件是否放置在板的两面；如果选择通孔元件，则要选择将相邻焊盘间的导线数设为一个轨迹、两个轨迹或者三个轨迹。然后单击"下一步"按钮继续操作。

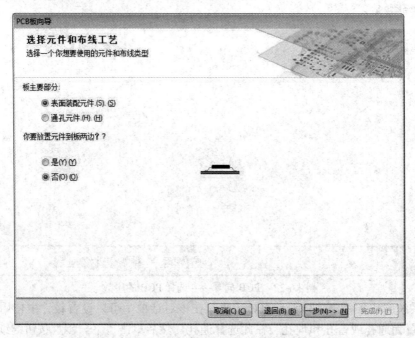

图 6-24　PCB 向导——设置将要使用的布线技术

(8) 系统弹出如图6-25所示的对话框，此时可以设置最小轨迹尺寸、最小过孔宽度和最小间隔等。然后单击"下一步"按钮继续操作。

图 6-25　PCB 向导——设置最小的尺寸限制

(9) 系统弹出如图 6-26 所示的对话框，单击"完成"按钮，即启动了一个 PCB 编辑器。

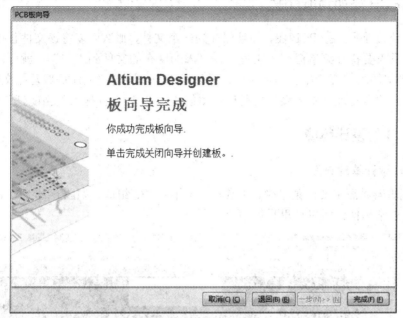

图 6-26　PCB 向导完成对话框

4. 从模板启动新的 PCB 文件

Altium Designer 提供了各种 PCB 模板，可以直接使用模板创建新的 PCB 文件。在 Files 面板底部"从模板新建文件"单元单击"PCB Templates"，系统会打开如图 6-27 所示的模板文件选择对话框。此时选择一个模板文件，然后单击"打开"按钮即可用选择的模板来创建新的 PCB。

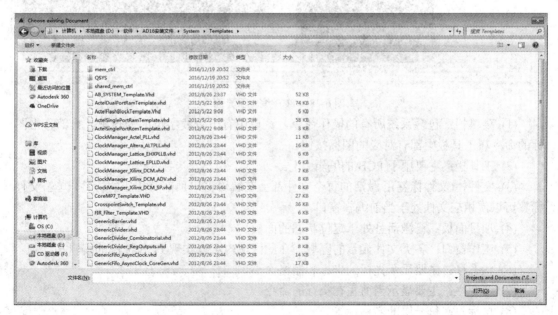

图 6-27　模板文件选择对话框

6.2.2　将 PCB 添加到项目中

如果已经设计了一张 PCB 图，并且保存为一个文件，那么可以将该文件直接添加到项目中。用户只需要执行菜单命令"工程"→"添加现有的文件到工程"，就可以选择前面保存的 PCB 文件，并直接添加到项目中，具体操作与前面讲述的添加原理图文件类似。

也可以在项目管理器中直接使用鼠标将新创建的 PCB 文件拖入到当前打开的项目中。

6.2.3　PCB 的设计环境

1. PCB 设计基础界面

PCB 编辑器界面主要由菜单栏、工具栏、工作窗口等组成，如图 6-28 所示，界面同原理图的界面非常相似，所以这里只做简单介绍。

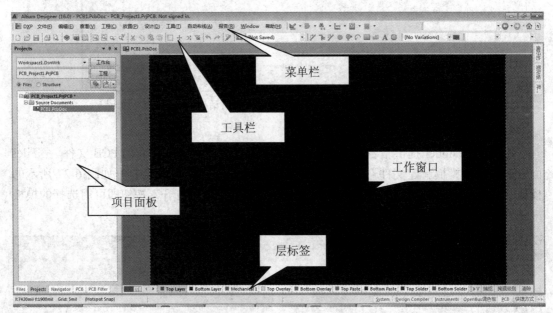

图 6-28　PCB 编辑器界面

(1) 菜单栏：包含系统所有的操作命令，菜单中有下划线字母的为热键，大部分带图标的命令在工具栏中都有对应的图标按钮。

(2) 工具栏：主要用于 PCB 的编辑。

(3) 文件栏(文件标签)：激活的每个文件都会在编辑窗口顶部有相应的标签，单击文件标签可以使相应文件处于当前编辑窗口。

(4) 项目面板：已激活且处于定位状态的面板。

(5) 工作窗口：各类文件显示的区域，在此区域内可以实现 PCB 板图的编辑和绘制。

(6) 状态栏：主要显示光标的坐标和栅格大小。

(7) 命令栏：主要显示当前正在执行的命令。

(8) 层标签：每一层的名称标签。

2．PCB 编辑器的工具栏

PCB 编辑器的工具栏如图 6-29 所示，有 6 种形式，分别是 PCB 标准、变量、布线、导航、过滤器、应用程序。PCB 标准工具栏如图 6-30 所示，变量工具栏如图 6-31 所示，布线工具栏如图 6-32 所示，导航工具栏如图 6-33 所示，过滤器工具栏如图 6-34 所示，应用程序工具栏如图 6-35 所示，这里不介绍工具栏的具体操作，具体的应用会在接下来的章节中涉及。

图 6-29　PCB 编辑器的工具栏

图 6-30　PCB 标准工具栏

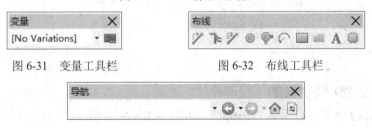

图 6-31　变量工具栏　　　　　　　图 6-32　布线工具栏

图 6-33　导航工具栏

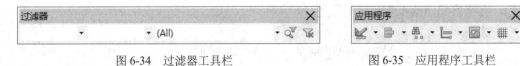

图 6-34　过滤器工具栏　　　　　图 6-35　应用程序工具栏

6.2.4　PCB 编辑器系统参数设置

设置系统参数是电路板设计过程中非常重要的一步。系统参数包括光标显示、层颜色、系统默认设置、PCB 设置等。许多系统参数应符合用户的个人习惯，因此一旦设定，将成为用户个性化的设计环境。

执行菜单命令"DXP"→"参数选择"或者"工具"→"优先选项"命令，系统将弹出如图 6-36 所示的"参数选择"对话框。该对话框中包括 General 选项卡、Display 选项卡、Board Insight Display 选项卡、Board Insight Modes 选项卡、Board Insight Lens 选项卡、Interactive Routing 选项卡、Defaults 选项卡、True Type Fonts 选项卡、Mouse Wheel

Configuration 选项卡、Layer Colors 选项卡等。下面具体讲述部分选项卡的设置。

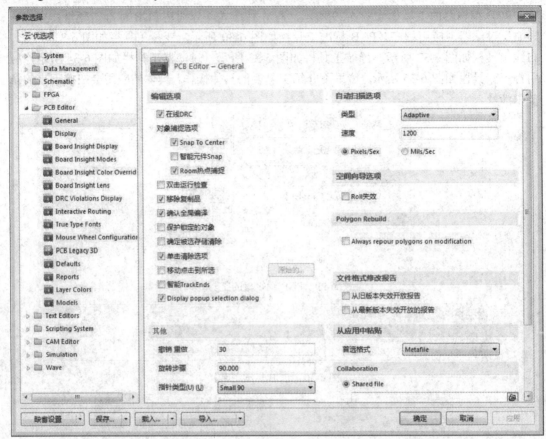

图 6-36　"参数选择"对话框

1. General 选项卡的设置

单击 General 标签即可进入 General 选项卡，如图 6-36 所示。General 选项卡用于设置一些常用的功能，包括编辑选项、自动扫描选项、空间向导选项、Polygon Rebuild(多边形再建)、文字格式修改报告和其他设置。

1) 编辑选项

"编辑选项"用于设置编辑操作时的一些特性，具体如下：

(1) 在线 DRC：用于设置在线设计规则检查。选中此项，在布线过程中，系统会自动根据设定的设计规则进行检查。

(2) Snap To Center：用于设置当移动元件封装或字符串时光标是否自动移动到元件封装或字符串参考点。系统默认选中此项。

(3) 智能元件 Snap：选择该复选框后，当用户双击选取一个元件时，光标会出现在相应元件最近的焊盘上。

(4) Room 热点捕捉：系统默认选中此项。

(5) 双击运行检查：选中该选项后，如果使用鼠标左键双击元件或引脚，将会弹出如图 6-37 所示的"PCB Inspector"窗口，此窗口会显示所检查元件的信息。

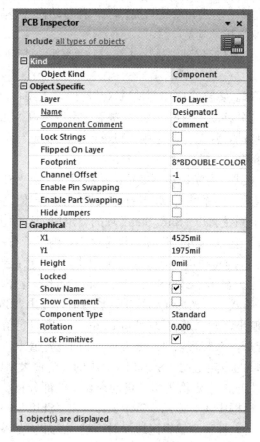

图 6-37　PCB 双击运行检查对话框

(6) 移除复制品：用于设置系统是否自动删除重复的组件。系统默认选中此项。

(7) 确认全局编译：用于设置在进行整体修改时，系统是否出现整体修改结果提示对话框。系统默认选中此项。

(8) 保护锁定的对象：用于保护锁定的对象。

(9) 确定被选存储清除：选中该复选框后，选择集存储空间可以保存一组对象的选择状态。为了防止一个选择集存储空间被覆盖，应选择该选项。

(10) 单击清除选项：用于设置当选取电路板组件时是否取消原来选取的组件。选中此项，系统不会取消原来选取的组件，将连同新选取的组件一起处于选取状态。系统默认选中此项。

(11) 移动点击到所选：当选择该选项后，必须使用 Shift 键，同时使用鼠标才能选中对象。

(12) 智能 TrackEnds：选择该选项后，可以允许网络分析器将连接线附着到导线的端点。例如，如果从一个焊盘开始走线，然后停止走线(将导线端处于自由空间)，则网络分析器就会将连接线附着在导线端。

(13) Display popup selection dialog：显示弹出式选择 dialog 部件。

2) 自动扫描选项

"自动扫描选项"用于设置自动移动功能。

(1) 类型：用于设置移动模式。系统共提供了 7 种移动模式，具体如下：

① Disable 模式：取消移动功能。

② Re-Center 模式：当光标移到编辑区边缘时，系统将光标所在的位置设置为新的编辑区中心。

③ Fixed Size Jump 模式：当光标移到编辑区边缘时，系统将以"Step Size"项的设定值为移动量向未显示的部分移动；当按下 Shift 键后，系统将以"Shift Step"项的设定值为移动量向未显示的部分移动。注意：当选中"Fixed Size Jump"模式时，对话框中才会显示"Step Size"和"Shift Step"操作项。

④ Shift Accelerate 模式：当光标移到编辑区边缘时，如果"Shift Step"项的设定值比"Step Size"项的设定值大，则系统将以"Step Size"项的设定值为移动量向未显示的部分移动；当按下 Shift 键后，系统将以"Shift Step"项的设定值为移动量向未显示的部分移动。如果"Shift Step"项的设定值比"Step"项的设定值小，则不管按不按 Shift 键，系统都将以"Shift Step"项的设定值为移动量向未显示的部分移动。注意：当选中"Shift Accelerate"模式时，相应对话框中才会显示"Step Size"和"Shift Step"操作项。

⑤ Shift Decelerate 模式：当光标移到编辑区边缘时，如果"Shift Step"项的设定值比"Step Size"项的设定值小，则系统将以"Shift Step"项的设定值为移动量向未显示的部分移动；当按下 Shift 键后，系统将以"Step Size"项的设定值为移动量向未显示的部分移动。如果"Shift Step"项的设定值比"Step Size"项的设定值大，则不管按不按 Shift 键，系统都将以"Shift Step"项的设定值为移动量向未显示的部分移动。注意：当选中"Shift Decelerate"模式时，对话框中才会显示"Step Size"和"Shift Step"操作项。

⑥ Ballistic 模式：当光标移到编辑区边缘时，越往编辑区边缘移动，移动速度越快。

⑦ Adaptive 模式：自适应模式，系统将会根据当前图形的位置自动选择移动方式。系统默认移动模式为 Adaptive 模式。

(2) 速度：设置移动的速度。

(3) Pixels/Sex：移动速度单位，即每秒多少像素。

(4) Mils/Sec：每秒多少英寸的速度。

3) 空间向导选项

在该区域可以设置是否使能空间导航器选项。如果选择"Roll 失效"复选框，则系统允许使用 3D 运动，此时 PCB 可以绕 Z 轴转动，而不是一般的旋转。

4) Polygon Rebuild

该选项用于设置交互布线中避免障碍和推挤布线的方式。每当一个多边形被移动时，它可以自动或者根据设置被调整，以避免障碍。

5) 其他

该项包括如下内容：

(1) 撤销重做：用于设置撤销操作/重复操作的步数。

(2) 旋转步骤：用于设置旋转角度。在放置组件时，按一次空格键，组件会旋转一个角度，这个旋转角度就是在此设置的。系统默认值为 90°，即按一次空格键，组件会旋转 90°。

(3) 指针类型：用于设置光标类型。系统提供了三种光标类型，即 Small 90(小的 90° 光标)、Large 90(大的 90° 光标)、Small 45(小的 45° 光标)。

(4) 比较拖拽：该区域的下拉列表框中共有两个选项，即"Component Tracks"和"None"。选择"Component Tracks"项，在使用命令"Edit"→"Move"→"Drag"移动组件时，与组件连接的铜模导线会随着组件一起伸缩，不会和组件断开；选择"None"项，在使用命令"Edit"→"Move"→"Drag"移动组件时，与组件连接的铜模导线会和组件断开，此时使用命令"Edit"→"Move"→"Drag"和"Edit"→"Move"→"Move"没有区别。

6) 文件格式修改报告

该项可以设置文件格式修改报告。如果选择"从旧版本失效开放报告"选项，则在打开旧格式文件时，不会打开一个文件格式修改报告；如果选择"从最新版本失效开放的报告"选项，则在打开新格式文件时，不会打开一个文件格式修改报告。

7) 从应用中粘贴

该项可以设置从其他应用程序复制对象到 Altium Designer。可以在 Preferred Format 选择列表中选择所使用的格式，如 Metafile 格式或文本格式。

8) 米制显示精度

该项可设置公制单位来显示精度。通常该操作项是不可操作的。如果需要设置，则先关闭所有 PCB 文档和 PCB 库，然后重新启动 Altium Designer。

2. Display 选项卡的设置

单击"Display"标签即可进入"Display"选项卡，如图 6-38 所示。

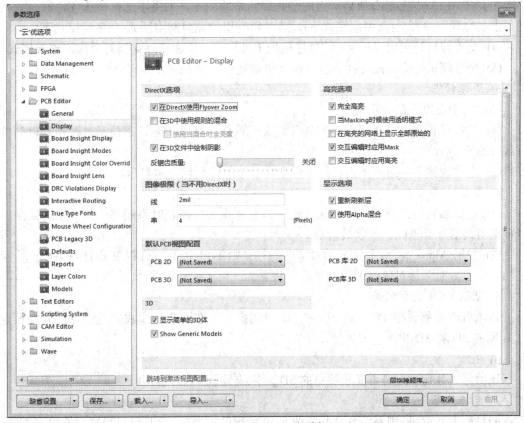

图 6-38　Display 选项卡

"Display"选项卡用于设置屏幕显示和元件显示模式，其中主要设置如下选项：

1) DirectX 选项

该选项可以设置如何使用 Microsoft DirectX 进行显示操作。

(1) 在 DirectX 使用 Flyover Zoom：如果选择该复选框，则使用平滑动态的缩放模式。

(2) 在 3D 中使用规则的混合：如果选中该复选框，则使位于其他对象前面或顶部的对象透明，使其看起来就在其他对象的前面或顶部。

如果选择了"在 3D 中使用规则的混合"复选框，则"使用当混合时全亮度"复选框也可操作。此时如果选择"使用当混合时全亮度"，则可以使透明层颜色在透明层模式下处于一般亮度。

(3) 在 3D 文件中绘制阴影：如果选择该复选框，则在 3D 模式下对象具有阴影效果。

2) 高亮选项

亮显可以通过该区域的选项设置。

(1) 完全高亮：该复选框如果被选中，则被选中的对象完全以当前选择集颜色高亮显示；否则选择的对象仅仅以当前选择集颜色显示外形。

(2) 当 Masking 时候使用透明模式：该复选框如果被选中，则当对象被屏蔽时，对象变为透明，此时可以看到被屏蔽到其下面的层对象。

(3) 在高亮的网络上显示全部原始的：该复选框如果被选中，则可以显示隐藏层上的所有图元(当在单层模式下)和显示当前层亮显网络的图元。如果不选择该选项，则只有当前层上的亮显网络图元(在单层模式下)，或者所有层的亮显网络图元(在多层模式下)。

(4) 交互编辑时应用 Mask：该复选框如果被选中，则在交互编辑时会应用屏蔽模式。

(5) 交互编辑时应用高亮：该复选框如果被选中，则在交互编辑时会应用高亮模式。

3) 图像极限

该项用于设置图形显示极限。

(1) 线：设置导线显示极限，如果导线大于该值，则以实际轮廓显示，否则只以简单直线显示。

(2) 串：设置字符显示极限，如果像素大于该值，则以文本显示，否则只以框显示。

4) 显示选项

(1) 重新刷新层：该复选框如果被选中，则在重画电路板时系统将一层一层地重画。当前的层最后才会重画，所以最清晰。

(2) 使用 Alpha 混合：该复选框如果被选中，则在 PCB 上拖动 PCB 设计对象到一个存在的对象上方时，该对象就表现为半透明状态。

5) 默认 PCB 视图配置

该项可以分别设定 PCB 的 2D 和 3D 视图模式。在这两个模式的右边可以分别设定 PCB 库的 2D 和 3D 视图模式。

6) 3D

该项可以分别设定是否显示简单的 3D 元件或显示 STEP 模型。

7) 层拖拽顺序...

如果单击此按钮，则系统会打开如图 6-39 所示的对话框。此时可以设置层的绘制次序。单击"促进"按钮可以提高其绘制次序，单击"降级"按钮则降低其次序。

图 6-39　"层拖拽顺序"对话框

3. Board Insight Display 选项卡的设置

Board Insight Display 选项卡可以设置板的过孔和焊盘的显示模式(如单层显示模式以及高亮显示模式等)。Board Insight Display 选项卡如图 6-40 所示。

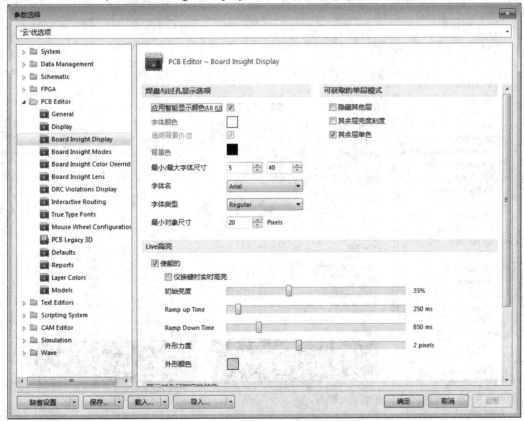

图 6-40　Board Insight Display 选项卡

1) 焊盘与过孔显示选项

在此区域可以设置焊盘和过孔显示，可以设置字体颜色、字体大小、字体类型以及最小对象的尺寸。

2) 可获取的单层模式

可获取的单层模式有三种，分别是隐藏其他层、其余层亮度刻度和其余层单色。

3) Live 高亮

在该区域可以设置实时的亮显模式。

4) 显示对象已锁定的结构

有三种模式可以选择，分别是从不、总是和仅当实时高亮。

4. Board Insight Modes 选项卡的设置

Board Insight Modes 选项卡可以设置板的仰视显示模式。使用仰视显示模式，可以把光标对象的重要信息和状态直接显示在设计人员面前，仰视信息范围覆盖了从上次点击位置的微小移动距离到当前光标下组件、网络等的详细信息。Board Insight Modes 选项卡如图 6-41 所示。在该对话框中，可以设置是否显示仰视信息、字体大小、颜色、仰视信息的不透明度以及可见的信息内容、其他仰视显示选项。

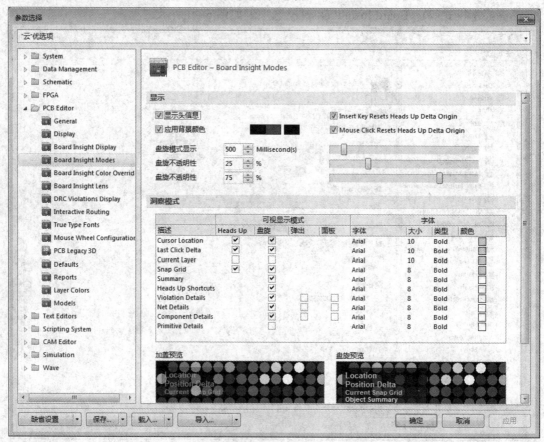

图 6-41　Board Insight Modes 选项卡

5. Board Insight Lens 选项卡的设置

Board Insight Lens 选项卡(见图 6-42)可以设置透镜模式。使用透镜显示模式，可以把光标所在的对象使用透镜放大模式进行显示。Insight Lens 工作起来就像一个放大镜，可以显示板卡上某区域的放大视图。不过它不仅仅是一个简单的放大镜，使用它可以辅助很多细节工作：

(1) 放大或缩小视图，无须改变当前板卡的缩放级别(Alt+鼠标滚轮)。

(2) 对单层模式来回切换(Shift+Ctrl+S)。

(3) 切换透镜中的当前层(Shift+Ctrl+鼠标滚轮)。

(4) 把透镜停靠在工作空间某处，然后重新使用(Shift+N)。

(5) 将其停在光标中间(Shift+Ctrl+N)。

(6) 再次关闭(Shift+M)。

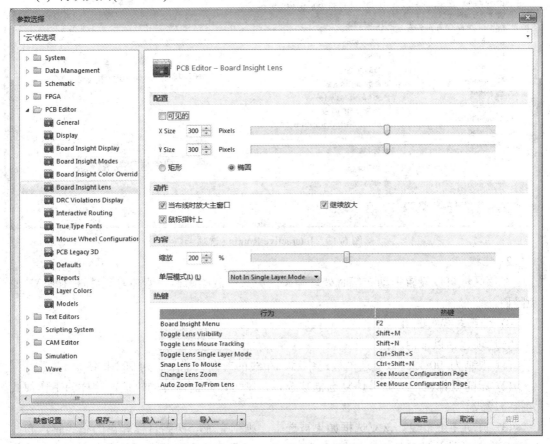

图 6-42　Board Insight Lens 选项卡

6. Interactive Routing 选项卡的设置

Interactive Routing 选项卡(见图 6-43)用来设置交互布线模式。在该选项卡中可以设置布线冲突的解决方式、交互布线的基本规则以及其他与交互布线相关的模式。

1) 布线冲突分析

Altium Designer 提供了几种布线冲突解决方式，有忽略障碍、推挤障碍、环绕障碍、在遇到第一个障碍时停止、紧贴并推挤障碍等。

图 6-43　　Interactive Routing 选项卡

2) 拖拽

在该区域可以设置拖动布线时处理障碍的方式：忽略障碍、避免障碍(捕捉栅格)、避免障碍。

3) 交互式布线选项

该选项包括以下内容：

(1) 限制为 90/45：该复选框被选中后，布线的方向只能限制为 90°和 45°。

(2) 跟随鼠标轨迹：如果该复选框被选择，则可以跟随鼠标的轨迹，这样的工作模式为推挤模式。

(3) 自动终止布线：该复选框如果被选中，则当完成一次到目标焊盘的布线时，布线工具不会再持续从该目标焊盘进行后面的布线，而是退出布线状态，并准备下一次布线。

(4) 自动移除闭合回路：该复选框用于设置自动回路删除。选中此项，在绘制一条导线后，如果发现存在另一条回路，则系统将自动删除原来的回路。

4) 布线优化级别

在该操作区可以选择布线优化的强度，即指定在布了一条导线后，立刻进行优化清理的量。如果选择"弱"，则对导线上已布的铜减少最小；如果选择"关闭"，则关闭此功能。

5)　Interactive Routing Width Sources

该区域可以设置交互布线的导线宽度和过孔的大小。

(1) 如果选择"从现有路径选择线宽"复选框，则当从一个已经布线的导线开始时，会选择该导线宽度作为布线宽度。

(2) 在"线宽模式"下拉列表中可以选择导线宽度模式。如果选择 User Choice(用户选择)，则在布线时可以按 Shift+W 键，系统会弹出选择宽度对话框，然后用户可以选择导线宽度；如果选择 Rule Minimum 选项，则使用设计规则定义的最小宽度；如果选择 Rule Preferred 选项，则使用设计规则定义的首选宽度；如果选择 Rule Maximum 选项，则使用设计规则定义的最大宽度。

(3) 在"过孔尺寸模式"下拉列表中可以选择过孔大小模式。如果选择 User Choice(用户选择)，则在布线时可以按 Shift+W 键，系统会弹出选择过孔大小对话框，用户可以选择过孔的大小；如果选择 Rule Minimum 选项，则使用设计规则定义的最小过孔大小；如果选择 Rule Preferred 选项，则使用设计规则定义的首选过孔大小；如果选择 Rule Maximum 选项，则使用设计规则定义的最大过孔大小。

(4) 如果单击"中意的交互式线宽"按钮，则系统会打开"中意的交互式线宽"对话框(见图 6-44)。通过该对话框，可以添加更多的布线宽度。

中意的交互式线宽					
英制		&公制的		系统单位	
宽度	单位	宽度	单位	单位	
5	mil	0.127	mm	Imperial	
6	mil	0.152	mm	Imperial	
8	mil	0.203	mm	Imperial	
10	mil	0.254	mm	Imperial	
12	mil	0.305	mm	Imperial	
20	mil	0.508	mm	Imperial	
25	mil	0.635	mm	Imperial	
50	mil	1.27	mm	Imperial	
100	mil	2.54	mm	Imperial	
3.937	mil	0.1	mm	Metric	
7.874	mil	0.2	mm	Metric	
11.811	mil	0.3	mm	Metric	
19.685	mil	0.5	mm	Metric	
29.528	mil	0.75	mm	Metric	
39.37	mil	1	mm	Metric	
添加(A) (A)...	删除(D) (D)	编辑(E) (E)...		确定	取消

图 6-44　"中意的交互式线宽"对话框

7. Defaults 选项卡的设置

单击"Defaults"标签即可进入"Defaults"选项卡，如图 6-45 所示。Defaults 选项卡用于设置各个组件的系统默认设置。各个组件包括 Arc(圆弧)、Component(元件封装)、Coordinate(坐标)、Dimension(尺寸)、Fill(金属填充)、Pad(焊盘)、Polygon(敷铜)、String(字符串)、Track(铜膜导线)、Via(过孔)等。

要将系统设置为默认设置，可在图 6-45 所示的对话框中选中组件，单击"编辑值"按钮进入选中对象的属性对话框。

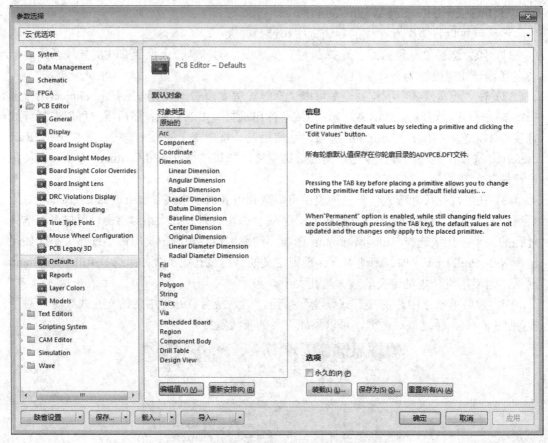

图 6-45　Defaults 选项卡

　　假设选中了导线元件，则单击"编辑值"按钮即可进入导线属性编辑对话框，如图 6-46
所示。各项修改会在放置导线时反映出来。

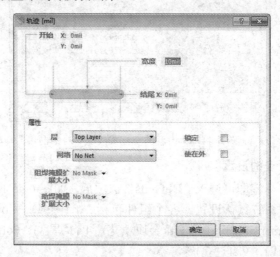

图 6-46　选中对象的属性对话框

　　在参数设置对话框中，通常还可以设置 True Type 字体、鼠标滚轮的配置、PCB 三维
显示、图层颜色等，这些都相对简单，在此不一一介绍。

6.3　由原理图到 PCB

印刷电路板的设计是根据原理图，通过放置元件、连接导线以及敷铜等操作来完成原理图电气连接的一个计算机辅助设计过程。在熟悉了 Altium Designer 16 的 PCB 编辑环境后，接下来就可以进行 PCB 图的具体设计。

首先应完成原理图的设计，产生电气连接的网络表，接着将原理图的设计信息传递到 PCB 编辑器中，以进行电路板的设计。从原理图向 PCB 编辑器传递的设计信息主要包括网络表文件、元器件的封装和一些设计规则信息。

具体步骤如图 6-47 所示。

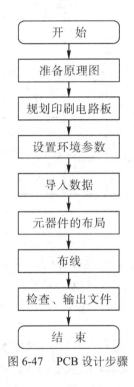

图 6-47　PCB 设计步骤

6.3.1　PCB 设计准备

要将原理图中的设计信息转换到即将准备设计的 PCB 文件中，首先应完成如下准备工作：

(1) 对工程中所绘制的电路原理图进行编译检查，验证设计，确保电气连接的正确性和元器件封装的正确性。

(2) 确认与电路原理图和 PCB 文件相关联的所有元件库均已加载，保证原理图文件中所指定的封装形式在可用库文件中都能找到并可以使用。

(3) 新建的空白 PCB 文件应在当前设计的工程中。

Altium Designer 16 是一个系统设计工具，在这个系统中设计完毕的原理图可以轻松同步到 PCB 设计环境中。由于系统实现了双向同步设计，因此从原理图到 PCB 的设计转换过程中，网络表的生成不再是必需的了，但用户可以根据网络表对电路原理图进行进一步的检查。

6.3.2　将原理图信息同步到 PCB 设计环境中

Altium Designer 16 系统提供了在原理图编辑环境和印刷电路板编辑环境之间的双向信息同步能力:在原理图中使用"设计"→"Update PCB1 Document"命令,或者在 PCB 编辑器中使用"设计"→"Import Changes From"命令均可完成原理图信息和 PCB 设计文件的同步。这两种命令的操作过程基本相同,都是通过启动工程变化订单(ECO)来完成的,可将原理图中的网络表连接关系顺利同步到 PCB 设计环境中。下面通过举例来说明其操作步骤。

【例 6-1】 打开如图 6-48 所示的原理图(此图在第 2 章绘制过),将原理图信息同步到PCB 设计环境中。

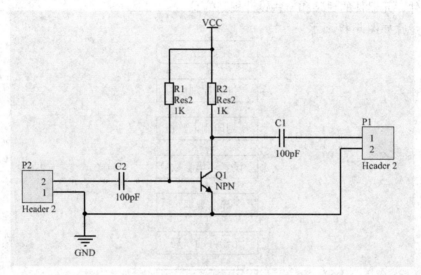

图 6-48　运算放大器应用电路

操作步骤如下:

(1) 打开图 6-48 所示原理图所在的工程,并打开工程中的此张原理图,进入原理图编辑环境,如图 6-49 所示。

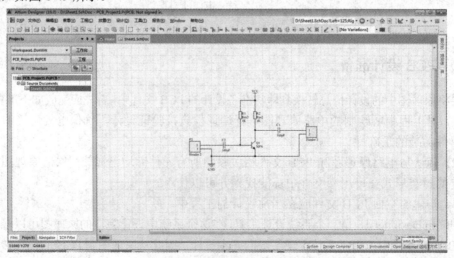

图 6-49　打开的原理图文件

（2）执行"工程"菜单中的"Compile Document Sheet1.SchDoc"命令，对原理图进行编译，如图 6-50 所示。

图 6-50　编译原理图

（3）在原理图所在的工程里新建一个 PCB 文件，如图 6-51 所示，同时保存 PCB 文件。

图 6-51　新建的 PCB 文件

（4）在原理图环境中，执行"设计"→"Update PCB Document PCB1.PcbDoc"命令，系统打开"工程更改顺序"窗口。该窗口内显示了参与 PCB 设计的受影响元器件、网络、Room 以及受影响文档信息，如图 6-52 所示。

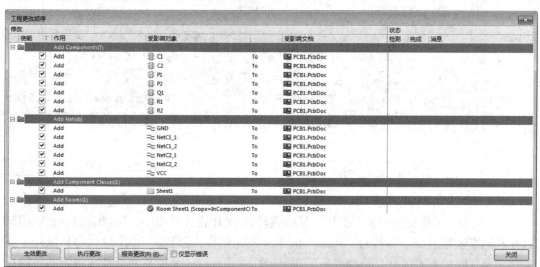

图 6-52　"工程更改顺序"窗口

（5）单击"工程更改顺序"窗口中的 **生效更改** 按钮，则在"工程更改顺序"窗口的右侧"检测"、"完成"、"消息"栏中显示出受影响元素检查后的结果。检查无误的信息以绿色的"√"表示，检查出错的信息以红色的"×"表示，并在"消息"栏中详细描述了检测不能通过的原因，如图 6-53 所示。

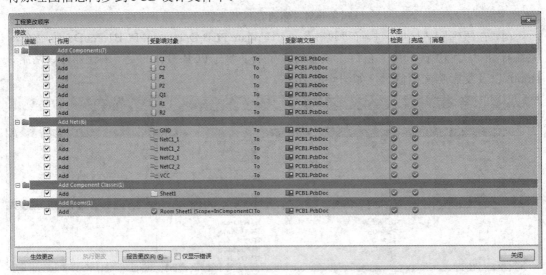

图 6-53　检查受影响对象的结果

（6）如果发现问题，重新更改原理图中存在的缺陷，直到检查结果全部通过为止。单击 **执行更改** 按钮，将元器件、网络表装载到 PCB 文件中，如图 6-54 所示，即实现了将原理图信息同步到 PCB 设计文件中。

图 6-54　将原理图信息同步到 PCB 设计文件

（7）关闭"工程更改顺序"窗口，系统跳转到 PCB 设计环境中。可以看到，装载的元器件和网络表集中在一个名为"Sheet"的 Room 空间内，放置在 PCB 电气边界以外。装载的元器件间的连接关系以预拉线的形式显示，这种连接关系就是元器件网络表的一种具体体现，如图 6-55 所示。

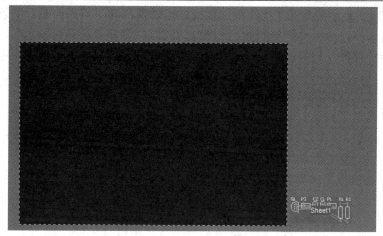

图 6-55　装入的元器件和网络表

6.4　电路板布局

在完成网络表的导入操作后，元件已经显示在工作窗口中了，此时就可以开始元件的布局。元件布局就是将元件封装按一定的规则排列和摆放在电路板中，是 PCB 设计的关键一步。好的布局通常使具有电气连接的元件引脚比较靠近，这样可以使走线距离短，占用空间比较小，从而使整个电路板的导线易于连通，可获得更好的布线效果。

电路布局的整体要求是整齐、美观、对称，元件密度均匀，这样才能使电路板的利用率最高，并且降低电路板的制作成本；同时设计者在布局时还要考虑电路的机械结构、散热、电磁干扰及将来布线的方便性等问题。元件的布局有自动布局和手动布局两种方式，只靠自动布局往往达不到实际的要求，通常需要将两者结合以获得良好的效果。可以采用先自动布局、再手动布局的方法，或者都手动布局的方法。

6.4.1　布局的基本原则

(1) 按电路模块进行布局，实现同一功能的相关电路称为一个模块。电路模块中的元件应采用就近原则，同时应将数字电路和模拟电路分开。

(2) 定位孔、标准孔等非安装孔周围 1.27 mm 内不得贴装元器件，螺钉等安装孔周围 3.5 mm(对应 M2.5 螺钉)、4 mm(对应 M3 螺钉)内不得贴装元器件。

(3) 卧装电阻、电感(插件)、电解电容等元件的下方避免布过孔，以免波峰焊后过孔与元件壳体短路。

(4) 元器件的外侧距板边的距离为 5 mm。

(5) 贴装元件的焊盘外侧与相邻插装元件的外侧距离不得大于 2 mm。

(6) 金属壳体元件和金属件(屏蔽盒等)不能与其他元器件相碰，不能紧贴印制线、焊盘，其间距应大于 2 mm。定位孔、紧固件安装孔、椭圆孔及板中其他方孔外侧距板边的尺寸大于 3 mm。

(7) 发热元件不能紧邻导线和热敏元件，高热器件要均匀分布。

(8) 电源插座要尽量布置在电路板的四周，电源插座和与其相连的汇流条接线端应布置在同侧。特别应注意不要把电源插座及其他焊接连接器布置在连接器之间，以利于这些插座、连接器的焊接及电源线缆设计和扎线。电源插座及焊接连接器间距应考虑方便电源插头的插拔。

其他元器件的布置：所有的 IC 元件单边对齐，有极性元件极性标示明确，同一电路板上极性标示不得多于两个方向，出现两个方向时，两个方向应互相垂直。

(9) 板面布线应疏密得当，当疏密差别太大时应以网状铜箔填充，网格大于 8mil(或者0.2mm)。

(10) 贴片焊盘上不能有通孔，以免焊膏流失造成元件的虚焊。重要信号线不准从插座脚间通过。

(11) 贴片单边对齐，字符方向一致，封装方向一致。

(12) 有极性的器件在以同一板上的极性标示方向应尽量保持一致。

6.4.2　自动布局

要把元件封装放入工作区，就需要对元件进行布局，下面继续以图 6-55 为例进行讲解。Altium Designer 提供了强大的自动布局功能，用户只要定义好规则，Altium Designer 就可以将重叠的元件封装分离开来。但是一般情况下不提倡自动布局，所以做一个大概了解即可。元件自动布局的操作步骤如下：

(1) 执行命令"工具"→"器件布局"→"自动布局"，如图 6-56 所示。

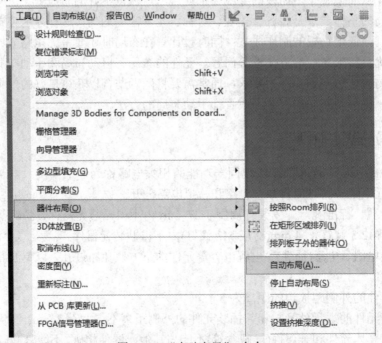

图 6-56　"自动布局"命令

(2) 出现如图 6-57 所示的对话框。用户可以在该对话框中设置有关的自动布局参数。在一般情况下，可以直接利用系统的默认值。

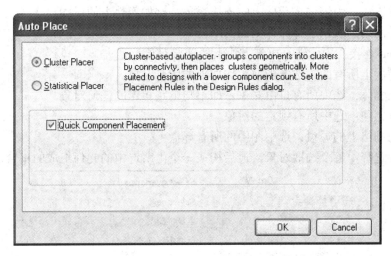

图 6-57　元件自动布局设置对话框

6.4.3　手动布局

系统对元件的自动布局一般以寻找最短布线路径为目标，元件的自动布局往往不太理想，所以我们很少使用自动布局。直接进行手动布局时，应按照前面的布局规则对封装进行手动调整，即对元件进行排列、移动和旋转等操作。下面讲述如何手工调整元件的布局。

1. 选取元件

手工调整元件的布局前，应该选中元件，然后才能进行元件的移动、旋转、翻转等操作。选中元件的最简单方法是拖动鼠标，直接将元件放在鼠标所形成的矩形框中。系统也提供了专门的选取对象和释放对象的命令，选取对象的菜单命令为"编辑"→"选中"。如果用户想释放元件的选择，可以使用"编辑"→"取消选中"子菜单中的命令来实现。

(1) 选取对象，执行"编辑"→"选中"子菜单的命令，如图 6-58 所示。该子菜单具体包括以下内容。

① Select overlapped：选择重叠。

② Select next：选择下一个。

③ 区域内部：将鼠标拖动的矩形区域中的所有元件选中。

④ 区域外部：将鼠标拖动的矩形区域外的所有元件选中。

⑤ 接触矩形：与区域内部相似。

⑥ 接触线：将鼠标所划虚线内的所有元件选中。

⑦ 全部：将所有元件选中。

⑧ 板：将整块 PCB 选中。

⑨ 网络：将组成某网络的元件选中。

⑩ 连接的铜皮：通过敷铜的对象来选定相应网络中的对象。当执行该命令后，如果选中某条走线或焊盘，则该走线或者焊盘所在的网络对象上的所有元件均被选中。

⑪ 物理连接：表示通过物理连接来选中对象。

⑫ Physical Connection Single Layer：表示通过物理连接单一的层。

⑬ 器件连接：表示选择元件上的连接对象，比如元件上的引脚。

⑭ 器件网络：表示选择元件上的网络。

⑮ Room 连接：表示选择电气方块上的连接对象。

⑯ 当前层上所有的：选定当前工作层上的所有对象。

⑰ 自由物体：选中所有自由对象，即不与电路相连的任何对象。

⑱ 所有锁住：选中所有锁定的对象。

⑲ 不在栅格上的焊盘：选中图中的所有焊盘。

⑳ 切换选择：逐个选取对象，最后构成一个由所选中的元件组成的集合。

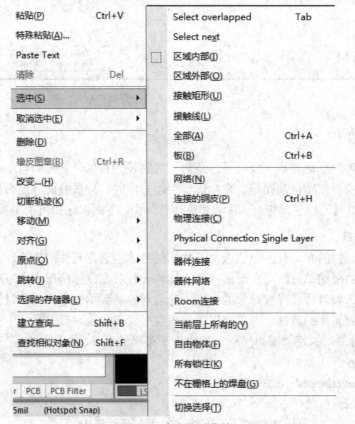

图 6-58　选中的子菜单

(2) 释放选取对象的命令与对应的选择对象命令的功能相反，操作类似，这里不再重述。

2. 旋转元件

从图 6-55 中可以看出，有些元件的排列方向还不一致，这就需要将各元件的排列方向调整为一致，并对元件进行旋转操作。旋转元件的具体操作过程如下：

(1) 执行"编辑"→"选中"→"区域内部"命令，然后拖动鼠标选中需要旋转的元件。也可以直接拖动鼠标选中元件对象。

(2) 执行"编辑"→"移动"→"旋转选择"命令，系统将弹出如图 6-59 所示的旋转角度设置对话框。

图 6-59 旋转角度设置对话框

(3) 设定了角度(90°)后，单击"确定"按钮，系统将提示用户在图纸上选取旋转基准点。当用户用鼠标在图纸上选定了一个旋转基准点后，选中的元件就实现了旋转。

P1 旋转前后的情况如图 6-60 所示。

当然，用户也可以使用一种简单的操作方法实现对象旋转，即直接使用鼠标双击需要旋转的元件，然后在其属性对话框中设定旋转角度。另外，使用鼠标选中元件后，按住鼠标左键，然后按 Space 键也可旋转元件。

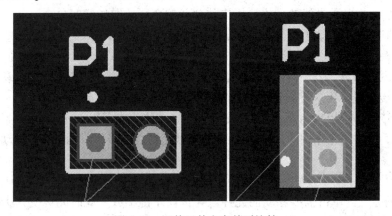

图 6-60 调整元件方向前后比较

3. 移动元件

在 Altium Designer 中，可以使用命令来实现元件的移动。移动元件的命令在菜单"编辑"→"移动"中，如图 6-61 所示。移动子菜单中各个移动命令的功能如下所述。

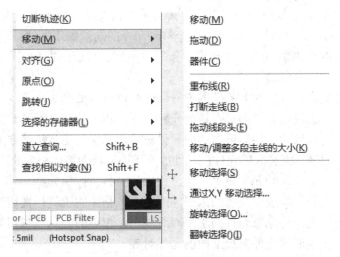

图 6-61 移动子菜单

(1) 移动：用于移动元件。当选中元件后，选择该命令，用户就可以拖动鼠标，将元件移动到合适的位置。这种移动方法不够精确，但很方便。当然，在使用该命令时，也可以先不选中元件，而在执行命令后选择元件。

(2) 拖动：启动该命令前，可以不选取元件，也可以选中元件。启动该命令后，光标变成十字状。在需要拖动的元件上单击一下鼠标，元件就会跟着光标一起移动，将元件移到合适的位置，再单击一下鼠标即可完成此元件的重新定位。

(3) 器件：功能与上述两个命令的功能类似，也用于实现元件的移动，其操作方法也与上述命令类似。

(4) 重布线：用来对移动后的元件重新布线。

(5) 打断走线：用来打断某些导线。

(6) 拖动线段头：用来选取导线的端点作为基准移动元件对象。

(7) 移动/调整多段走线的大小：用来移动并改变所选取导线对象。

(8) 移动选择：用来将选中的多个元件移动到目标位置。该命令必须在选中了元件(可以选中多个)后才有效。

(9) 通过 X，Y 移动选择：可以具体设定 X 方向的偏移量和 Y 方向的偏移量。

(10) 旋转选择：用来旋转选中的对象。执行该命令必须先选中元件。

(11) 翻转选择：用来将所选的对象翻转 180°，与旋转不同。

在进行手动移动元件期间，按 Ctrl+N 键可以使网络飞线暂时消失。当移动到指定位置后，网络飞线自动恢复。

除了上述方法外，用户也可以使用如下操作方法：

(1) 用鼠标左键单击需要移动的元件，并按住左键不放，此时光标变为十字状，表明已选中要移动的元件了。

(2) 按住鼠标左键不放，然后拖动鼠标，则十字光标会带动被选中的元件移动，将元件移动到合适的位置后，松开鼠标左键即可。

4．排列元件

排列元件可以执行"编辑"→"对齐"子菜单的相关命令来实现，该子菜单有多个选项，如图 6-62 所示。"对齐"子菜单中各个移动命令的功能如下所述。

(1) 对齐：选取该菜单将弹出"排列对象"对话框，该对话框列出了多种对齐方式，如图 6-63 所示。

(2) 定位器件文本：可以对齐器件的位号和注释位置，如图 6-64 所示。

(3) 左对齐：将选取的元件向最左边的元件对齐，相应的工具栏按钮为 ▤。

(4) 右对齐：将选取的元件向最右边的元件对齐，相应的工具栏按钮为 ▤。

(5) 水平中心对齐：将选取的元件按元件的水平中心线对齐，相应的工具栏按钮为 ⬚。

(6) 水平分布：将选取的元件水平平铺，相应的工具栏按钮为 ▥。

(7) 增加水平间距：将选取元件的水平间距增大，相应的工具栏按钮为 ▥。

(8) 减少水平间距：将选取元件的水平间距减小，相应的工具栏按钮为 ▥。

(9) 顶对齐：将选取的元件向最上面的元件对齐。

(10) 底对齐：将选取的元件向最下面的元件对齐。

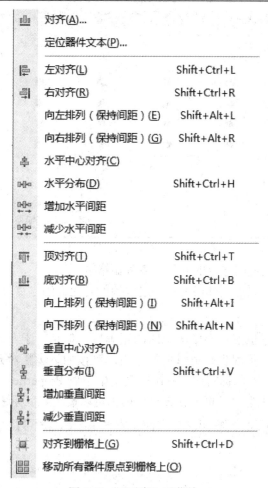

图 6-62　"对齐"子菜单

图 6-63　"排列对象"对话框

(11) 垂直中心对齐：将选取的元件按元件的垂直中心线对齐。

(12) 垂直分布：将选取的元件垂直平铺，相应的工具栏按钮为 ![]。

(13) 增加垂直间距：将选取元件的垂直间距增大，相应的工具栏按钮为 ![]。

(14) 减少垂直间距：将选取元件的垂直间距减小，相应的工具栏按钮为 ![]。

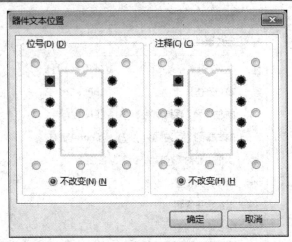

图 6-64　"器件文本位置"对话框

(15) 对齐到栅格上：将选取的元件对齐到栅格。

(16) 移动所有器件原点到栅格上：将选取的所有元件的原点对齐到栅格。

5. 调整元件标注

元件的标注不合适虽然不会影响电路的正确性，但是对于一个有经验的电路设计人员来说，电路板板面的美观也是很重要的。用户可按如下步骤对元件标注加以调整。选中标注字符串，然后单击鼠标右键，从快捷菜单中选取 Properties 命令项，系统将会弹出如图 6-65 所示的"标识"对话框。在该对话框中可以设置文字标注属性。

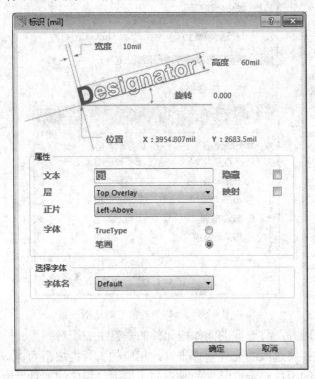

图 6-65　"标识"对话框

6. 剪贴复制元件

1) 一般性的粘贴复制

当需要复制元件时，可以使用 Altium Designer 提供的复制、剪切和粘贴元件的命令。

(1) 复制。执行"编辑"→"复制"命令，将选取的元件作为副本，放入剪贴板中。

(2) 剪切。执行"编辑"→"剪切"命令，将选取的元件直接移入剪贴板中，同时电路图上的被选元件被删除。

(3) 粘贴。执行"编辑"→"粘贴"命令，将剪贴板中的内容作为副本，复制到电路图中。

这些命令也可以在主工具栏中选择执行。另外，系统还提供了功能热键来实现剪切、复制操作。

(1) Copy 命令：Ctrl+C 键。

(2) Cut 命令：Ctrl+X 键。

(3) Paste 命令：Ctrl+V 键。

2) 选择性粘贴

执行"编辑"→"特殊粘贴"命令可以进行选择性粘贴。选择性粘贴是一种特别的粘贴方式，可以按设定的粘贴方式复制元件，也可以采用阵列方式粘贴元件。

7. 元件的删除

1) 一般元件的删除

当图形中的某个元件不需要时，可以对其进行删除。删除元件可以使用"编辑"菜单中的两个删除命令，即"删除"和"清除"命令。

(1) "清除"命令的功能是删除已选取的元件。启动"清除"命令之前需要选取元件，启动"清除"命令之后，已选取的元件立即被删除。

(2) "删除"命令的功能也是删除元件，只是启动"删除"命令之前不需要选取元件，启动"删除"命令后，光标变成十字状，将光标移到所要删除的元件上单击鼠标，即可删除元件。

2) 导线的删除

选中导线后，按 Delete 键即可将选中的对象删除。下面为各种导线段的删除方法。

(1) 删除导线段：删除导线段时，选中所要删除的导线段(在所要删除的导线段上单击鼠标)，然后按 Delete 键，即可实现导线段的删除。

另外，执行"编辑"→"删除"命令，光标变成十字状，将光标移到任意一个导线段上，光标上出现小圆点，单击鼠标左键，也可删除该导线段。

(2) 删除两焊盘间的导线：执行"编辑"→"选中"→"物理连接"命令，光标变成十字状。将光标移到连接两焊盘的任意一个导线段上，光标上出现小圆点，单击鼠标左键，可将两焊盘间所有的导线段选中，然后按 Ctrl+Delete 键，即可将两焊盘间的导线删除。

(3) 删除相连接的导线：执行"编辑"→"选中"→"连接的铜片"命令，光标变成十字状。将光标移到其中一个导线段上，光标上出现小圆点，单击鼠标左键，可将所有有连接关系的导线选中，然后按 Ctrl+Delete 键，即可删除连接的导线。

(4) 删除同一网络的所有导线：执行"编辑"→"选中"→"网络"命令，光标变成十字状。将光标移到网络上的任意一个导线段上，光标上出现小圆点，单击鼠标左键，将网络上所有导线选中，然后按 Ctrl+Delete 键，即可删除网络的所有导线。

6.5　印刷电路板布线工具

　　印刷电路板(PCB)设计管理器提供了布线工具栏(Wiring Tools)和绘图工具栏。布线工具栏如图 6-66 所示。可以通过执行命令"查看"→"Toolbars"→"布线"打开工具栏，工具栏中每一项都与菜单 Place 下的各命令项对应。绘图工具栏如图 6-67 所示，该工具栏是应用工具栏的一个子工具栏。

图 6-66　布线工具栏　　　　　　　　　　　　　　　　　图 6-67　绘图工具栏

6.5.1　交互布线

　　当需要手动交互布线时，一般首先选择交互布线命令"放置"→"交互式布线"或用鼠标单击布线工具栏中的按钮 ⚡，执行交互布线命令。执行布线命令后，光标变成十字状，将光标移到所需的位置，单击鼠标左键，确定网络连接导线的起点，然后将光标移到导线的下一个位置，再单击鼠标左键，即可绘制出一条导线，如图 6-68 所示。

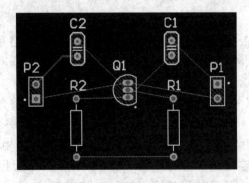

图 6-68　绘制一条网络连接导线

　　完成一次布线后，单击鼠标右键，完成当前网络的布线，光标变成十字状，此时可以继续其他网络的布线。将光标移到新的位置，按照上述步骤，再布其他网络连接导线。双击鼠标右键或按两次 Esc 键，光标变成箭头状，退出该命令状态。

1. 交互布线参数设置

在放置导线时，可以按 Tab 键打开交互布线设置对话框，如图 6-69 所示。在该对话框中，可以设置布线的相关参数。

图 6-69　交互布线设置对话框

具体设置的参数包括：

(1) 过孔孔径大小：用于设置板上过孔的直径。

(2) Width from rule preferred value：用于设置布线时的导线宽度。

(3) 应用到所有层：该复选框选中后，则所有层均使用这种交互布线参数。

(4) 过孔直径：用于设置过孔的外径。

(5) 层：用于设置要布的导线的所在层。

(6) 布线冲突分析：用于设置 PCB 布线的基本参数，如忽略障碍、推挤障碍、环绕障碍、在遇到第一个障碍时停止、多层自动布线等，这些设置可参考 7.2.1 节。

2. 查看导线属性

绘制了导线后，可以查看导线属性，并对导线进行编辑处理。使用鼠标双击已布的导线，系统将弹出如图 6-70 所示的 PCB 检查器界面。PCB 检查器界面的导线属性说明如下：

(1) Layer：设定导线所在的层。

(2) Net：设定导线所在的网络。

(3) Keepout：该复选框选中后，无论其属性设置如何，此导线均在禁止布线层(Keep-Out Layer)。

(4) X1：设定导线起点的 X 轴坐标。

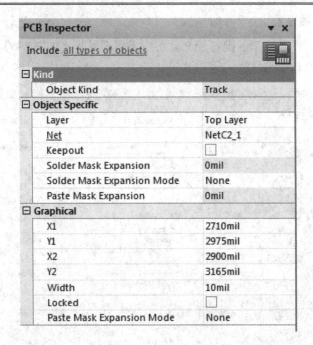

图 6-70　PCB 检查器界面

(5) Y1：设定导线起点的 Y 轴坐标。

(6) X2：设定导线终点的 X 轴坐标。

(7) Y2：设定导线终点的 Y 轴坐标。

(8) Width：设定导线宽度。

(9) Locked：设定导线位置是否锁定。

6.5.2　放置焊盘

(1) 用鼠标单击绘图工具栏中的放置焊盘命令按钮 ◎，或执行"放置"→"焊盘"命令。

(2) 执行该命令后，光标变成十字状，将光标移到所需的位置，单击鼠标左键，即可将一个焊盘放置在该处。

(3) 将光标移到新的位置，按照上述步骤，再放置其他焊盘。图 6-71 所示为放置了多个焊盘的电路板。双击鼠标右键，光标变成箭头状，退出该命令状态。

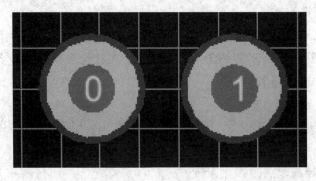

图 6-71　放置焊盘

(4) 在放置焊盘命令过程中，按 Tab 键，进入如图 6-72 所示的"焊盘"对话框，对具体的参数进行修改。

图 6-72　"焊盘"对话框

① 位置。

a. X：设置焊盘的横坐标。

b. Y：设置焊盘的纵坐标。

c. 旋转：设置焊盘的旋转角度。

② 尺寸和外形。

a. 简单的：可以设置 X-Size(用于设定焊盘 X 轴尺寸)、Y-Size(用于设定焊盘 Y 轴尺寸)、外形状。单击"外形"下面的下拉按钮，即可选择焊盘形状。这里共有四种焊盘形状，即 Round(圆形)、Rectangle(矩形)、Octagonal(八角形)和 Rounded Rectangle(圆角矩形)。

b. 顶层-中间层-底层：指定焊盘在顶层、中间层与底层的大小和形状，每个区域里的选项都具有相同的三个设置选项。

c. 完成堆栈：设计人员可以单击"编辑全部焊盘层定义"按钮，将弹出如图 6-73 所示的对话框，此时可以按层设置焊盘尺寸。

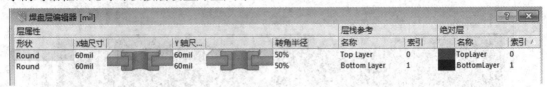

图 6-73　焊盘层编辑器

③ 孔洞信息。

该项用于设置焊盘的通孔尺寸。另外还可以设置焊盘的形状，包括圆形、正方形和狭槽形。

④ 属性。

a. 标识：设定焊盘序号。

b. 层：设定焊盘所在层。通常多层电路板焊盘层为 Multi-Layer。

c. 网络：设定焊盘所在网络。

d. 电气类型：指定焊盘在网络中的电气属性，包括 Load、Source 和 Terminator。

⑤ 粘贴掩饰扩充。

a. 按规则扩充值：如果选中该复选框，则采用设计规则中定义的阻焊膜尺寸。

b. 指定扩充值：如果选中该复选框，则可以在其后的编辑框中设定阻焊膜尺寸。

⑥ 阻焊层扩展。该项与"粘贴掩饰扩充"选项的意义类似。

6.5.3　放置过孔

1. 放置过孔

(1) 用鼠标单击绘图工具栏中的按钮 ，或执行"放置"→"过孔"命令。

(2) 执行命令后，光标变成十字状，将光标移到所需的位置，单击鼠标左键，即可将一个过孔放置在该处。将光标移到新的位置，按照上述步骤，再放置其他过孔。图 6-74 所示为放置过孔后的图形。

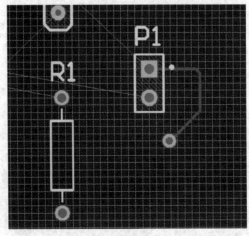

图 6-74　放置多个过孔

(3) 双击鼠标右键，光标变成箭头状，退出该命令状态。

2. 过孔属性设置

在放置过孔时按 Tab 键，系统将会弹出如图 6-75 所示的"过孔"对话框。该对话框中各项设置的意义如下所述。

图 6-75　"过孔"对话框

1) 孔的尺寸设置

(1) 选择"简化"：可以设置过孔的通孔大小、过孔的直径以及 X/Y 位置。

(2) 选择"顶-中间-底"：指定在顶层、中间层和底层的过孔直径大小。

(3) 选择"全部层栈"：可以单击"编辑全部层栈过孔层尺寸"按钮，然后进入过孔层编辑器进行过孔的大小参数设置。

2) 过孔属性设置

(1) Drill Pair：设定过孔穿过的层。

(2) Net：设置过孔是否与 PCB 的网络相连。

(3) Locked：该属性被选中时，该过孔被锁定。

3) 阻焊掩膜层扩充

(1) 来自规则的扩充值：如果选中该复选框，则采用设计规则中定义的助焊膜尺寸。

(2) 指定扩充值：如果选中该复选框，则可以在其后的编辑框中设定助焊膜尺寸。

(3) 强制完成顶部的隆起：设置的助焊膜延伸值无效，并且在顶层的助焊膜上不会有开口，助焊膜仅仅是一个隆起。

(4) 强制完成在底部的隆起：设置的助焊膜延伸值无效，并且在底层的助焊膜上不会有开口，助焊膜仅仅是一个隆起。

6.5.4　放置圆或圆弧

Altium Designer 提供了三种绘制圆弧或圆的方法：边缘法、中心法和角度旋转法。

1. 绘制圆弧

1) 边缘法

边缘法是通过圆弧上的两点(即起点与终点)来确定圆弧的大小，其绘制过程如下：

(1) 使用鼠标单击布线工具栏中的按钮 ◯ ，或选择执行"放置"→"圆弧(边沿)"命令。

(2) 执行该命令后，光标变成十字状，将光标移到所需的位置，单击鼠标左键，确定圆弧的起点。然后移动鼠标到适当位置单击鼠标左键，确定圆弧的终点。

(3) 单击鼠标左键确认，即得到一个圆弧。

2) 中心法

中心法绘制圆弧是通过确定圆弧中心、圆弧的起点和终点来确定一个圆弧。

(1) 使用鼠标单击绘图工具栏中的按钮 ◯ ，或选择执行"放置"→"圆弧(中心)"命令。

(2) 执行命令后，光标变成十字状，将光标移到所需的位置，单击鼠标左键，确定圆弧的中心。

(3) 将光标移到所需的位置，单击鼠标左键，确定圆弧的起点，再移动鼠标到适当位置单击鼠标左键，确定圆弧的终点。

(4) 单击鼠标左键确认，即可得到一个圆弧。

3) 角度旋转法

(1) 使用鼠标单击绘图工具栏中的按钮 ◯ ，或选择执行"放置"→"圆弧(任意角度)"命令。

(2) 执行该命令后，光标变成十字状，将光标移到所需的位置，单击鼠标左键，确定圆弧的起点。然后移动鼠标到适当位置单击鼠标左键，确定圆弧的圆心，最后单击鼠标左键确定圆弧的终点。

(3) 单击鼠标左键加以确认，即可得到一个圆弧。

2. 绘制圆

(1) 使用鼠标单击绘图工具栏中的按钮 ◯ ，或选择执行"放置"→"圆环"命令。

(2) 执行该命令后，光标变成十字状，将光标移到所需的位置，单击鼠标左键，确定圆的圆心，然后单击鼠标左键确定圆的半径。

(3) 单击鼠标左键加以确认，即可得到一个圆。

3. 编辑圆弧或圆

当绘制好圆弧或圆后，如果需要对其进行编辑，则可选中圆弧或圆，然后单击鼠标右键，从快捷菜单中选取 Properties 命令项，系统将会弹出如图 6-76 所示的圆弧属性对话框。在绘制圆弧时，也可以按 Tab 键，先编辑好对象，再绘制圆弧。

图 6-76　圆弧属性对话框

(1) 宽度：用来设置圆弧的宽度。

(2) 起始角度：用来设置圆弧的起始角。

(3) 终止角度：用来设置圆弧的终止角。

(4) 半径：用来设置圆弧的半径。

(5) 居中 X 和 Y：用来设置圆弧的圆心位置。

(6) 层：用来选择圆弧所放置的层。

(7) 网络：用来设置圆弧的网络层。

(8) 锁定：用来设定是否锁定圆弧。

6.5.5　放置填充

填充一般用于制作 PCB 插件的接触面或者为增强系统的抗干扰性能而设置的大面积电源或地。在制作电路板的接触面时，放置填充的部分在实际制作的电路板上是外露的敷铜区。填充通常放置在 PCB 的顶层、底层或内部的电源层或接地层上。放置填充的一般操作方法如下：

(1) 使用鼠标单击绘图工具栏中的按钮 ▨ ，或选择执行“放置”→“填充”命令。

(2) 执行该命令后，用户只需确定矩形块的左上角和右下角位置即可。图 6-77 所示为放置的填充。

图 6-77　放置的填充

　　当放置了填充后，如果需要对其进行编辑，则可选中填充，然后单击鼠标右键，从快捷菜单中选取 Properties 命令项，系统将会弹出如图 6-78 所示的"填充"对话框。在放置填充状态下，也可以按 Tab 键，先编辑好对象，再放置填充。

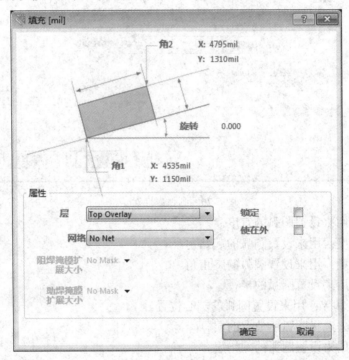

图 6-78　填充属性对话框

　　具体的属性设置如下：

　　(1) 角 1　X 和 Y：用来设置填充的第一个角的坐标位置。

　　(2) 角 2　X 和 Y：用来设置填充的第二个角的坐标位置。

　　(3) 旋转：用来设置填充的旋转角度。

　　(4) 层：用来选择填充所放置的层。

　　(5) 网络：用来设置填充的网络层。

　　(6) 锁定：用来设定是否锁定填充。

　　(7) 使在外：该复选框选中后，无论其属性设置如何，此填充均在禁止布线层(Keep-Out Layer)。

　　如果在已放置的填充上双击鼠标，则可以进入 PCB 检查器界面，在该界面可查看填充的属性，并且可以进行属性编辑。

6.5.6　放置多边形敷铜平面

该功能用于为大面积电源或接地敷铜，以增强系统的抗干扰性能。下面讲述放置多边形敷铜平面的方法。

(1) 使用鼠标单击绘图工具栏中的按钮 ▦，或执行"放置"→"多边形敷铜"命令。

(2) 执行此命令后，系统将会弹出如图 6-79 所示的"多边形敷铜"对话框。

图 6-79　"多边形敷铜"对话框

(3) 设置完对话框后，光标变成十字状，将光标移到所需的位置，单击鼠标左键，确定多边形的起点。然后移动鼠标到适当位置单击鼠标左键，确定多边形的中间点。

(4) 在终点处单击鼠标右键，程序会自动将终点和起点连接在一起，形成一个封闭的多边形平面。

具体参数设置会在 6.6.5 节中介绍，这里不做重复描述。

6.5.7　放置字符串

在绘制印制电路板时，常常需要在板上放置字符串(仅为英文)。放置字符串的具体步骤如下：

(1) 用鼠标单击绘图工具栏中的按钮 **A**，或执行"放置"→"字符串"命令。

(2) 执行命令后，光标变成十字状，在此命令状态下，按 Tab 键，会出现如图 6-80 所示的"串"对话框。在这里可以设置字符串的内容、所在层和大小等。

(3) 设置完成后，退出对话框，单击鼠标左键，把字符串放到相应的位置。

(4) 用同样的方法放置其他字符串。用户要更换字符串的方向只需按"Space"键即可进行调整，或在图 6-80 所示的"串"对话框中的"旋转"编辑框中输入字符串的旋转角度。

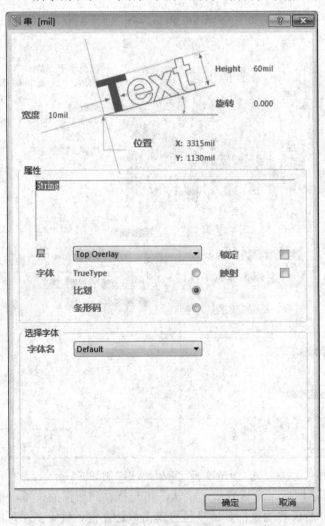

图 6-80　"串"对话框

当放置了字符串后，如果需要对其进行编辑，则可选中字符串，然后单击鼠标右键，从快捷菜单中选取 Properties 命令项，系统也将会弹出如图 6-80 所示的"串"对话框。

6.5.8　放置元件封装

设计人员在制作 PCB 时，如果需要向当前的 PCB 中添加新的封装和网络，可以执行"放置"→"器件"命令或单击布线工具栏的按钮 来添加新的封装，然后添加与该元件相关的新网络连接。

执行该命令后，系统会弹出如图 6-81 所示的"放置元件"对话框。此时可以选择放置的类型(封装还是元件)，并可以选择需要封装的名称、封装类型以及流水号等。

图 6-81　"放置元件"对话框

(1) 放置类型：在此操作框中，应该选择封装，如果选择元件，则放置的是元件。

(2) 元件详情：在此操作框中，可以设置元件的细节。

(3) 封装：用来输入封装，即装载哪种封装。用户也可以单击 按钮，系统将弹出如图 6-82 所示的对话框,用户可以通过该对话框选择所需要放置的封装。此时还可以单击"发现"按钮查找需要的封装。

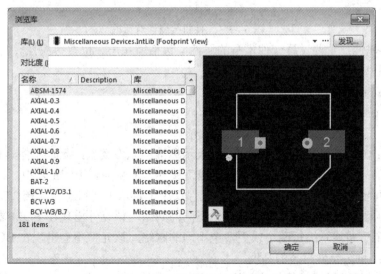

图 6-82　"浏览库"对话框

用户还可以在放置封装前，即在命令状态下，按 Tab 键，进入"元件"对话框，进行封装属性的设置，如图 6-83 所示。在此对话框中可以分别对元件属性、标识、注释、封装等进行设置。

图 6-83　元件封装属性对话框

① 元件属性：主要设置元件本身的属性，包括所在层、位置等属性。

a. 层：设定元件封装所在的层。

b. 旋转：设定元件封装旋转角度。

c. X 轴 位置：设定元件封装 X 轴坐标。

d. Y 轴 位置：设定元件封装 Y 轴坐标。

e. 类型：选择元件的类型。Standard 表示标准的元件类型，此时元件具有标准的电气属性，最常用；Mechanical 表示元件没有电气属性但能生成在 BOM 表中；Graphical 表示元件不用于同步处理和电气错误检查，该元件仅用于表示公司日志等文档；Tie Net in BOM 表示该元件用于布线时缩短两个或更多个不同的网络，该元件出现在 BOM 表中；Tie Net 表示该元件用于布线时缩短两个或更多个不同的网络，该元件不会出现在 BOM 表中。

f. 高度：设定元件封装的高度。

② 标识：用于设置元件的流水标号。

a.　文本：设定元件封装的序号。

b.　高度：设定元件封装流水标号的高度。

c.　宽度：设定元件封装流水标号的线宽。

d.　层：设定元件封装流水标号所在的层。

e.　旋转：设定元件封装流水标号的旋转角度。

f.　X 轴 位置：设定元件封装流水标号的 X 轴坐标。

g.　Y 轴 位置：设定元件封装流水标号的 Y 轴坐标。

h.　正片：设定流水标号的定位方式，即在元件封装的方位。

i.　隐藏：设定元件封装流水标号是否隐藏。

j.　映射：设定元件封装流水标号是否翻转。

③ 注释：各选项的意义与标识选项设置的意义一致。

④ 封装：该操作选项主要用来设置封装的属性，包括封装名、所属的封装库和描述。

用户根据实际需要设置完参数后，即可把元件放置到工作区中。

6.5.9　放置位置坐标

放置位置坐标是将当前鼠标所处位置的坐标放置在工作平面上，其具体步骤如下：

(1) 用鼠标单击绘图工具栏中的按钮，或执行"放置"→"坐标"命令。

(2) 执行命令后，光标变成十字状，在此命令状态下，按 Tab 键，会出现如图 6-84 所示的"调整"对话框。按要求设置该对话框。

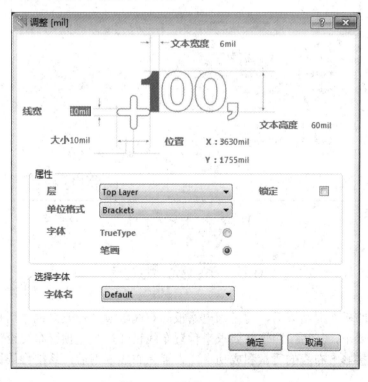

图 6-84　"调整"对话框

(3) 设置完成后，退出对话框，单击鼠标左键，把坐标放置到相应的位置。

(4) 用同样的方法放置其他坐标。

6.5.10　放置尺寸标注

在设计印刷电路板时，有时需要标注某些尺寸的大小，以方便印刷电路板的制造。

Altium Designer 提供了一个尺寸标注工具栏，它是实用工具栏的子工具栏。尺寸标注工具栏上的命令与"放置"→"尺寸"→"尺寸"子菜单中的命令一一对应，起点和终点各点一下，即完成标注。

用户还可以在放置尺寸标注命令状态下，按 Tab 键，进入如图 6-85 所示的"尺寸"对话框，作进一步修改。

当放置了尺寸标注后，如果需要对其进行编辑，则可选中尺寸标注，然后单击鼠标右键，从快捷菜单中选取 Properties 命令项，系统也将弹出如图 6-85 所示的"尺寸"对话框。

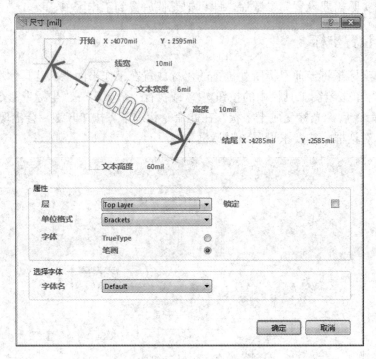

图 6-85　"尺寸"对话框

6.6　系 统 布 线

在印刷电路板布局结束后，便进入电路板的布线阶段。一般来说，用户先对电路板布线提出某些要求，然后按照这些要求来预置布线设计规则。预置布线设计规则设定得是否合理将直接影响布线的质量和成功率。设置完布线规则后，系统将依据这些规则进行布线。

6.6.1　布线的基本原则

(1) 安全间距允许值(Clearance Constraint)：在布线之前，需要定义同一个层面上两个图元之间所允许的最小间距，即安全间距。根据经验结合本例的具体情况，可以设置为 10 mil。

(2) 布线拐角模式。根据电路板的需要，将电路板上的布线拐角模式设置为 45°角模式。

(3) 布线层的确定。对双面板而言，一般将顶层布线设置为沿垂直方向，将底层布线设置为沿水平方向。

(4) 布线优先级(Routing Priority)。在这里布线优先级设置为 2。

(5) 布线原则(Routing Topology)。一般来说，确定一条网络的走线方式以布线的总线长最短作为设计原则。

(6) 过孔的类型(Routing Via Style)。对于过孔类型，应该与电源/接地线以及信号线区别对待，在这里设置为通孔(Through Hole)。对电源/接地线的过孔，要求的孔径参数为：孔径(Hole Size)为 20 mil，宽度(Width)为 50 mil。对于一般信号类型的过孔，孔径为 20 mil，宽度为 40 mil。

(7) 对走线宽度的要求。根据电路的抗干扰性能和实际电流的大小，将电源和接地的线宽确定为 20 mil，其他的走线宽度为 10 mil。

6.6.2　工作层的设置

进行布线前，还应该设置工作层，以便在布线时可以合理安排线路的布局。工作层的设置步骤如下：

(1) 执行命令"设计"→"板层颜色"，弹出"视图配置"对话框。其中显示信号层、内平面、机械层、掩膜层、丝印层、其余层以及系统颜色，如图 6-86 所示。

Altium Designer 提供的工作层在"视图配置"对话框中设置，主要有以下几种：

① 信号层。Altium Designer 可以绘制多层板，如果当前板是多层板，则在信号层(Signal Layers)可以全部显示出来。用户可以选择其中的层面，主要有 Top Layer、Bottom Layer、MidLayer1、MidLayer2 等。如果用户没有设置 Mid 层，则这些层不会显示在该对话框中。用户可以执行"设计"→"层叠管理"命令设置信号层，此时用户可以设置多层板。

② 内平面。内平面主要用于布置电源线及接地线，用户可以执行"设计"→"层叠管理"命令设置电源线及接地线层。

③ 机械层。Altium Designer 有 16 个用途的机械层，用来定义板轮廓、放置厚度、制造说明或其他设计需要的机械说明。这些层在打印和产生底片文件时都是可选择的。在"视图配置"对话框中可以添加、移除和命名机械层。制作 PCB 时，系统默认的信号层为两层，默认的机械层只有一层，不过用户可以通过"设计"→"层叠管理"命令为 PCB 设置更多的机械层。

如果不选中"仅展示激活的机械层"复选框，则会显示所有机械层；如果选中该复选框，则只显示已激活的机械层。

④ 掩膜层。Altium Designer 提供的掩膜层有：Top Solder(设置顶层助焊膜)、Bottom Solder(设置底层助焊膜)、Top Paste(设置顶层阻焊膜)、Bottom Paste(设置底层阻焊膜)。

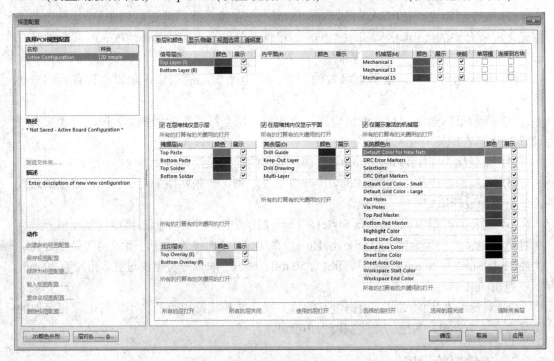

图 6-86   "视图配置"对话框

⑤ 丝印层。丝印层(Silkscreen Layers)主要用于在印制电路板的上、下两表面上印刷所需要的标志图案和文字代号等，主要包括 Top Overlay、Bottom Overlay 两种。

⑥ 其余层。Altium Designer 除了提供以上工作层以外，还提供以下其他工作层：

a. Keep-Out Layer：禁止布线层，用于设定电气边界，此边界外不能布线。

b. Multi-Layer：复合层。如果不选择此项，则过孔就无法显示。

c. Drill Guide：钻孔导引层。

d. Drill Drawing：钻孔冲压层。

⑦ 系统颜色。用户还可以在"系统颜色"选项中设置 PCB 设计系统的颜色，各选项如下：

a. Default Color for New Nets：用于设置新的网络默认的颜色。

b. DRC Error Markers：用于设置是否显示自动布线检查错误标记。

c. Pad Holes：用于设置是否显示焊盘通孔。

d. Via Holes：用于设置是否显示过孔的通孔。

e. Workspace Start Color：用于设置工作区域开始的颜色。

f. Workspace End Color：用于设置工作区域结束的颜色。

(2) 设置"视图配置"对话框，关闭不需要的机械层，并关闭内平面。

(3) 在对话框中进行工作层的设置，双面板需要选定信号层的 Top Layer 和 Bottom Layer 复选框，其他项为系统默认即可。

6.6.3　布线设计规则的设置

1．设计规则的参数设置对话框

Altium Designer 为用户提供了自动布线的功能，除可以用来进行自动布线外，还可以进行手动交互布线。在布线之前，必须先进行其参数的设置，下面讲述布线规则的参数设置过程。

(1) 执行命令"设计"→"规则"，系统将会弹出如图 6-87 所示的对话框。在图 6-87 所示对话框中，在左边的选项中，选择 ⊞　Routing，如图 6-88 所示，在此对话框中可以设置布线参数。

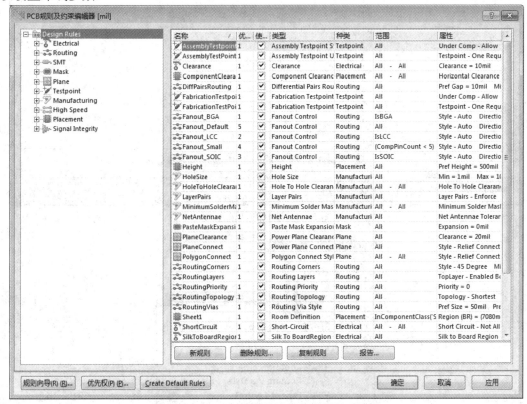

图 6-87　"PCB 规则及约束编辑器"对话框

(2) 点击 ⊞　Routing 中的加号，如图 6-89 所示，在此项中可以设置布线和其他设计规则参数。

下面简单介绍一下 PCB 规则的类目。

(1) Routing：布线规则一般都集中在 Routing 类别中，包括走线宽度(Width)、布线的拓扑结构(Routing Topology)、布线优先级(Routing Priority)、布线工作层(Routing Layers)、布线拐角模式(Routing Corners)、过孔的类型(Routing Via Style)和输出控制(Fanout Control)等。

(2) Electrical：该类别包括走线间距约束(Clearance)、短路(Short-Circuit)约束、未布线的网络(Un-Routed Net)和未连接的引脚(Un-Connected Pin)等。

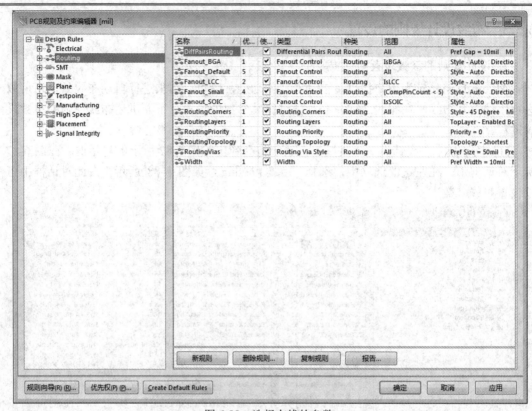

图 6-88　选择布线的参数

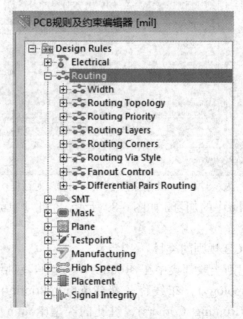

图 6-89　布线规则设置项

(3) SMT：具体包括走线拐弯处表贴约束(SMD To Corner)、SMD 到电平面的距离约束(SMD To Plane)和 SMD 的缩颈约束(SMD Neck-Down)。

(4) Mask：包括阻焊膜扩展(Solder Mask Expansion)和助焊膜扩展(Paste Mask

Expansion)。

(5) Testpoint：包括测试点的类型(Testpoint Style)和测试点的用处(Testpoint Usage)。

另外还有 Plane、Manufacturing、High Speed、Placement、Signal Integrity 等类目，本节将主要讲述布线、电气等设计规则的设置。

2. 设置走线宽度(Width)

该设置可以设置走线的最大、最小和推荐的宽度。

(1) 在图 6-89 所示的对话框中，使用鼠标选中 Routing 选项的 Width，然后单击鼠标右键从快捷菜单中选择"新规则"命令，如图 6-90 所示，系统将生成一个新的宽度约束。然后使用鼠标单击新生成的宽度约束，系统将会弹出如图 6-91 所示的对话框。

图 6-90　快捷菜单

图 6-91　PCB 宽度约束规则设置

(2) 在"名称"编辑框中输入"Width_all"，然后设定该宽度规则的约束特性和范围。在此设定该宽度规则应用到整个电路板，所以在"Where The Object Matches"中选择"All"。设置宽度约束条件如下：

"首选尺寸"设置为 12 mil，"最小宽度"设置为 12 mil，"最大宽度"设置为 12 mil。这些参数是根据自己的布线需求设定的。

其他设置项为系统默认，这样就设置了一个应用于整个 PCB 图的宽度约束。

3. 设置走线间距约束(Clearance)

该项用于设置走线与其他对象之间的最小距离。将光标移动到"Electrical"的"Clearance"处单击鼠标右键，然后从快捷菜单中选取"新规则"命令，即生成一个新的走线间距约束(Clearance)。然后单击该新的走线间距约束，即可进入安全间距设置对话框，如图 6-92 所示。用户也可以双击"Clearance"选项，系统也可以弹出该对话框。

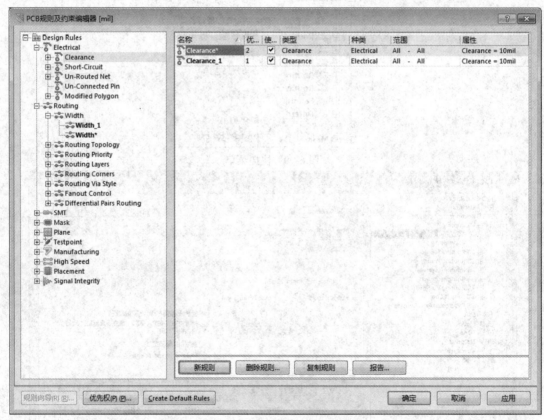

图 6-92　安全间距设置对话框

4. 设置布线拐角模式(Routing Corners)

该选项用来设置走线拐弯的模式。选中"Routing Corners"选项，然后单击鼠标右键，从快捷菜单中选择"新规则"命令，则生成新的布线拐角规则。单击新的布线拐角规则，系统将弹出布线拐角模式设置对话框，如图 6-93 所示。该对话框主要设置两部分内容，即拐角模式和拐角尺寸。拐角模式有 45°、90°和圆弧等，均可以取系统的默认值。

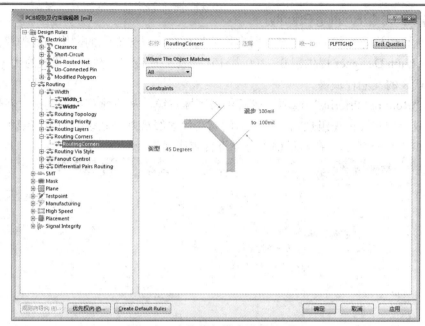

图 6-93　布线拐角模式设置对话框

5. 设置布线工作层(Routing Layers)

该选项用来设置在自动布线过程中哪些信号层可以使用。选中"Routing Layers"选项，然后单击鼠标右键，从快捷菜单中选择"新规则"命令，则生成新的布线工作层规则。单击新的布线工作层规则，系统将弹出布线工作层设置对话框，如图 6-94 所示。在该对话框中，可以设置在自动布线过程中哪些信号层可以使用。

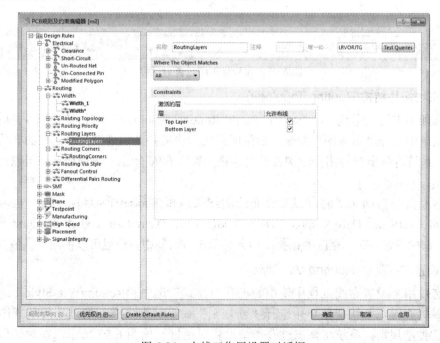

图 6-94　布线工作层设置对话框

6. 布线优先级(Routing Priority)

该选项可以设置布线的优先级，即布线的先后顺序。先布线的网络的优先权比后布线的要高。Altium Designer 提供了 0～100 共 101 个优先权设定，数字 0 代表的优先权最低，数字 100 代表的优先权最高。

选中"Routing Priority"选项，然后单击鼠标右键，从快捷菜单中选择"新规则"命令，则生成新的布线优先级规则。单击新的布线优先级规则，系统将弹出布线优先级设置对话框，如图 6-95 所示。在对话框中可以设置布线优先级。

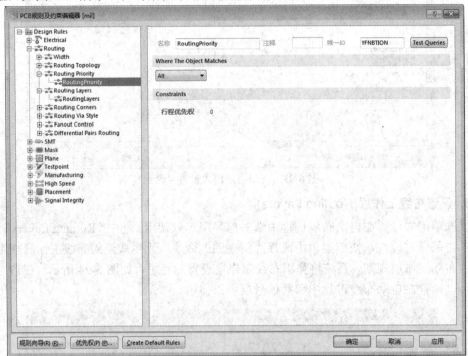

图 6-95　布线优先级设置对话框

7. 布线拓扑结构(Routing Topology)

该选项用来设置布线的拓扑结构。选中"Routing Topology"选项，然后单击鼠标右键，从快捷菜单中选择"新规则"命令，则生成新的布线拓扑结构规则。单击新的布线拓扑结构规则，系统将弹出布线拓扑结构设置对话框，如图 6-96 所示。在对话框中可以设置布线拓扑结构。

通常系统在自动布线时，以整个布线的线长最短(Shortest)为目标。用户也可以选择Horizontal、Vertical、Daisy-Simple、Daisy-MiddDriven、Daisy-Balanced 和 Starburst 等拓扑结构选项。选中各选项时，相应的拓扑结构会显示在对话框中。一般可以使用默认值 Shortest。

8. 设置过孔类型(Routing Via Style)

该选项用来设置布线过程中使用的过孔的样式。选中"Routing Via Style"选项，然后单击鼠标右键，从快捷菜单中选择"新规则"命令，则生成新的过孔类型规则。单击新的过孔类型规则，系统将弹出过孔类型设置对话框，如图 6-97 所示。在对话框中可以设置过孔类型。

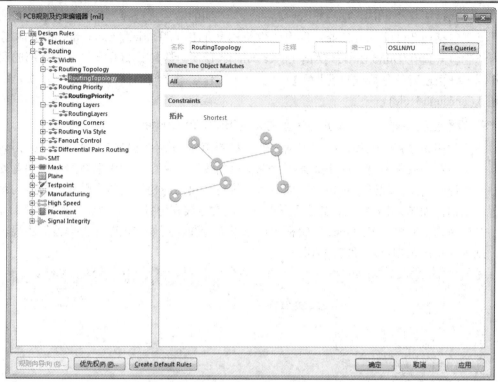

图 6-96　布线拓扑结构设置对话框

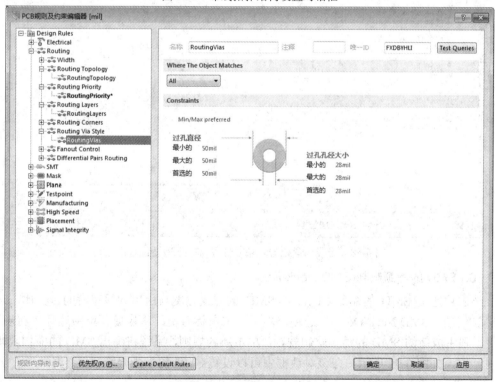

图 6-97　过孔类型设置对话框

可以通过选择"Where The Object Matches"下面的箭头来选择不同类型的过孔。通常过孔类型包括通孔(Through Hole)、层附近隐藏式盲孔(Blind Buried [Adjacent Layer])和任何层对的隐藏式盲孔(Blind Buried [Any Layer Pair])。层附近隐藏式盲孔指只穿透相邻的两个工作层；任何层对的隐藏式盲孔指可以穿透指定工作层对之间的任何工作层。本实例中选择通孔(Through Hole)。

9. 设置走线拐弯处与表贴元件焊盘的距离(SMD To Corner)

该选项用来设置走线拐弯处与表贴元件焊盘的距离。选中"SMT"的"SMD To Corner"选项，然后单击鼠标右键，从快捷菜单中选择"新规则"命令，则生成新的走线拐弯处与表贴元件焊盘的距离规则。单击新的规则，系统将弹出走线拐弯处与表贴元件焊盘的距离设置对话框，如图 6-98 所示。在对话框中可以设置走线拐弯处与表贴元件焊盘的距离。

在该对话框右侧的 Distance 编辑框中可以输入走线拐弯处与表贴元件焊盘的距离。另外，规则的适用范围可以设定为 All。

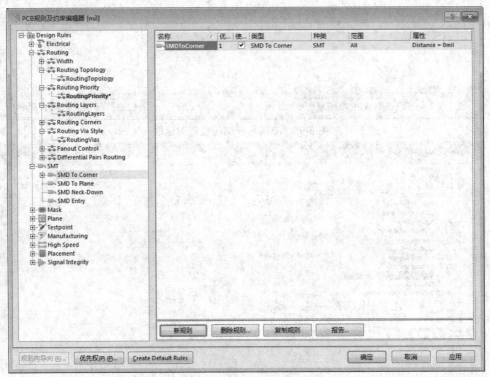

图 6-98　走线拐弯处与表贴元件焊盘的距离设置对话框

10. SMD 的缩颈限制(SMD Neck-Down)

该选项定义 SMD 的缩颈限制，即 SMD 的焊盘宽度与引出导线宽度的百分比。选中"SMT"的"SMD Neck-Down"选项，然后单击鼠标右键，从快捷菜单中选择"新规则"命令，则生成新的 SMD 的缩颈限制规则。单击新的规则，系统将弹出 SMD 的缩颈限制设置对话框，如图 6-99 所示。在该对话框中可以设置 SMD 的缩颈限制。

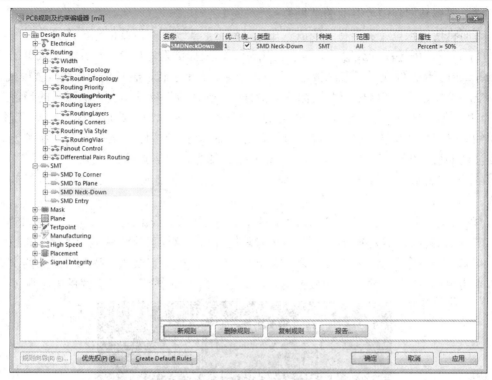

图 6-99　SMD 的缩颈限制设置对话框

6.6.4　手动布线

Altium Designer 提供了许多有用的手动布线工具，使得布线工作非常容易。尽管自动布线器提供了一个简易而强大的布线方式，但仍然需要交互手动去控制导线的放置。下面以图 6-100 所示的简单 PCB 图来讲述如何交互手动布线。

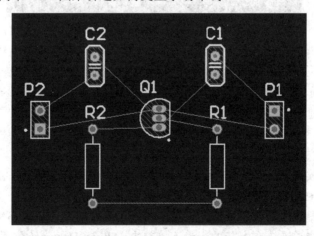

图 6-100　布线前的图形

在 Altium Designer 中，PCB 的导线是由一系列直线段组成的。每次改变方向时，会开始新的直线段。在默认情况下，Altium Designer 开始时会使导线走向为垂直、水平或 45°

角，这样很容易得到比较专业的结果。

下面将使用预拉线引导将导线放置在电路板上，实现所有网络的电气连接。

(1) 从菜单中选择"放置"→"交互式布线"(快捷键为先按 P，然后按 T)或单击放置 (Placement)工具栏的交互式布线按钮 。光标将变成十字状，表示处于导线放置模式。

(2) 检查文档工作区底部的层标签，检查"TopLayer"标签是否为被激活的当前工作层。可以按数字键盘上的*键切换到底层或者顶层而不需要退出导线放置模式，这个键仅在可用的信号层之间切换。也可以在执行放置导线命令前，使用鼠标在底部的层标签上单击需要激活的层。先设置当前层为顶层(TopLayer)，即先在顶层布线。

(3) 将光标放在连接器 P1 的 2 号焊盘上，单击鼠标左键或按 Enter 键固定导线的第一个点。

(4) 移动光标到电阻 C2 的 2 号焊盘。在默认情况下，导线走向为垂直、水平或 45° 角。

(5) 依次连接所需要的导线，按 End 键重绘屏幕，这样可以清楚地看到已经布线的网络。按数字键盘上的*键切换到底层，接着在底层完成板上剩余的布线。最后按两次 Esc 键或单击鼠标右键两次退出导线放置模式。图 6-101 所示为交互手动布线的电路板。

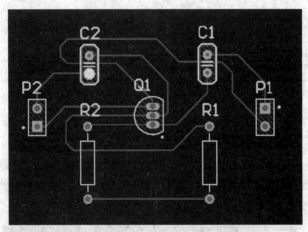

图 6-101　交互手动布线的电路板

(6) 在放置导线时应注意以下几点：

① 单击鼠标左键(或按 Enter 键)放置实心红色的导线段。空心线段表示导线的 look-ahead 部分，放置好的导线段和所在层颜色一致。

② 按 Space 键来切换要放置的导线的水平、垂直和 45°的起点模式。

③ 在任何时候按 End 键可以重绘画面。

④ 在任何时候按快捷键 V、F 来重绘画面并显示所有对象。

⑤ 在任何时候按 Page Up 和 Page Down 键，将会以光标位置为中心放大或缩小。

⑥ 按 Backspace 键取消放置的前一条导线段。

⑦ 在完成放置导线后或想要开始设置一条新的导线时单击鼠标右键或按 Esc 键。

⑧ 不能将不应该连接在一起的焊盘连接起来。Altium Designer 将不停地分析电路的连接情况并阻止进行错误的连接或跨越导线。

⑨ 要删除一条导线段，单击鼠标左键选中该导线段，这条线段的编辑点将显示出来(导线的其余部分将高亮显示)，然后按 Delete 键就可以删除被选中的导线段。

⑩ 在 Altium Designer 中重新布线是很容易的，只要设置新的导线段即可。在单击鼠标右键完成布线后，旧的多余导线段会被自动移除。

6.6.5　自动布线

布线参数设置好后，就可以利用 Altium Designer 提供的布线器进行自动布线了。执行自动布线的方法主要有以下几种。

1. 全局布线

(1) 执行"自动布线"→"全部"命令，对整个电路板进行布线。

(2) 执行该命令后，系统将弹出如图 6-102 所示的"Situs 布线策略"对话框。

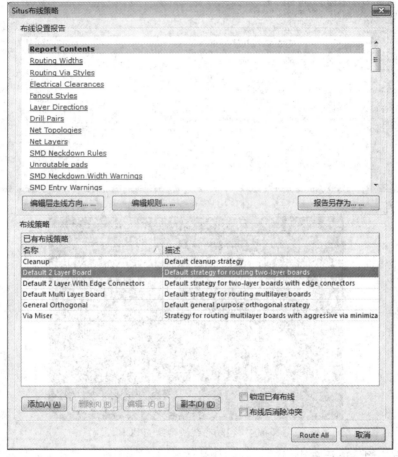

图 6-102　"Situs 布线策略"对话框

① 在该对话框中，单击"编辑层走线方向"按钮，则可以编辑层的方向，如可以设置顶层主导为水平走线方向，设置底层主导为垂直走线方向。

② 单击"编辑规则"按钮可以设置布线规则，读者可以参考 6.6.3 节。

③ 在"布线策略"列表框中，可以选择布线策略，如可以选择双层板的布线策略，如果是多层板，可以选择多层板的布线策略。

④ 如果需要锁定已布好的走线，则可以选中"锁定已有布线"复选框，这样新布线时

就不会删除已布好的走线。

⑤ 如果选择"布线后消除冲突"复选框，则自动布线器会忽略违反规则的走线，如短路等。当选择该选项后，那些违反规则的走线会保留在电路板上，若取消该选项，则那些产生违反规则的走线不会布在电路板上，而是以飞线保持连接。

(3) 单击"Route All"按钮，程序就开始对电路板进行自动布线。最后系统会弹出一个布线信息框，如图 6-103 所示，用户可以通过其了解到布线的情况。完成后的布线结果如图 6-104 所示。如果电路图比较大，则可以执行"查看"→"区域"命令局部放大某些部分。

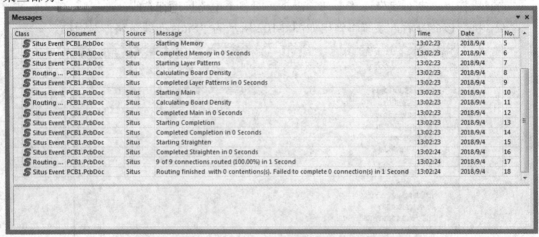

图 6-103　布线信息框

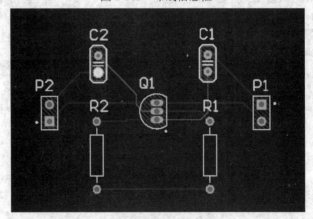

图 6-104　自动布线所得到的 PCB 图

2. 对选定网络进行布线

(1) 执行"自动布线"→"网络"命令，由程序对选定的网络进行布线工作。

(2) 光标变成十字状，用户可以选取需要进行布线的网络。当用户单击的位置靠近焊盘时，系统可能会弹出如图 6-105 所示的菜单(对于不同焊盘，该菜单可能不同)。图 6-106 所示为对选定网络进行布线所得到的 PCB 图。由图 6-106 可以看到，与这些飞线相连的元件都已被自动布线。一般以 Net 选项进行布线，选中某网络连线时，则与该网络连接的所有网络线均被布线。

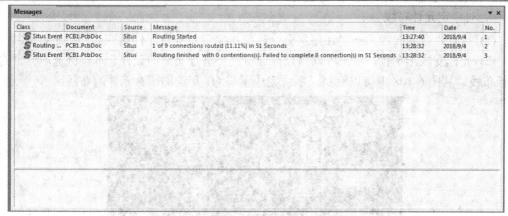

图 6-105　网络布线方式选项菜单

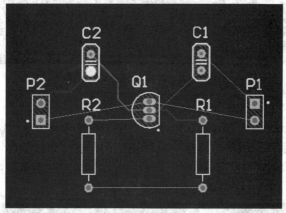

图 6-106　对选定网络进行布线

3. 对两连接点进行布线

(1) 执行"自动布线"→"连接"命令，使程序仅对该条连线进行自动布线，也就是对两连接点之间进行布线。

(2) 光标变成十字状，用户可以选取需要进行布线的一条连线(如 P2 到 C2)。对部分连接点布线后的结果如图 6-107 所示。

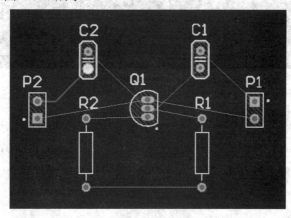

图 6-107　对部分连接点进行布线

4. 对指定元件布线

(1) 执行"自动布线"→"元件"命令，使程序仅对与该元件相连的网络进行布线。

(2) 光标变成十字状，用户可以用鼠标选取需要进行布线的元件。本实例选取元件 Q1 进行布线。从图 6-108 中可以看到，系统完成了与 Q1 相连的所有元件的布线。

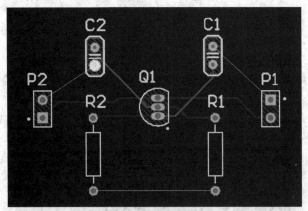

图 6-108　对指定元件 Q1 布线

5. 对指定区域进行布线

(1) 执行"自动布线"→"区域"命令，使程序的自动布线范围仅限于该指定区域内。

(2) 光标变成十字状，用户可以拖动鼠标指定需要进行布线的区域，该区域包括 R2、P2、Q1 和 C2，系统将会对此区域进行自动布线，如图 6-109 所示。由图 6-109 可以看出，与上述被包围的 4 个元件没有连线关系的元件没有布线。

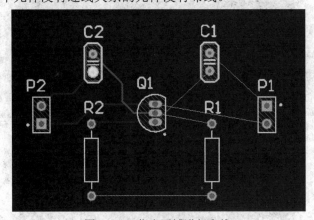

图 6-109　指定区域进行布线

6.6.6　手工调整印刷电路板

自动布线时多少会存在一些令人不满意的地方，而一个设计美观的印刷电路板往往都需要在自动布线的基础上进行多次修改，才能将其设计得尽可能完善。下面讲述如何手工调整 PCB。

1. 手工调整布线

在"工具"→"取消布线"菜单下提供了几个常用于手工调整布线的命令，这些命令可以分别用来进行不同方式的布线调整。

(1) All：拆除所有布线，进行手动调整。

(2) Net：拆除所选布线网络，进行手动调整。

(3) Connection：拆除所选的一条连线，进行手动调整。

(4) Component：拆除与所选元件相连的导线，进行手动调整。

2. 对印刷电路板敷铜

为了提高 PCB 的抗干扰性，通常要对要求比较高的 PCB 实行敷铜处理。敷铜可以通过执行"放置"→"多边形敷铜"命令来实现。下面以图 6-101 为例讲述敷铜处理，顶层和底层的敷铜均与 GND 相连。

(1) 使用鼠标单击绘图工具栏中的按钮 ▦ ，或执行"放置"→"多边形敷铜"命令。

(2) 执行此命令后，系统将会弹出如图 6-110 所示的"多边形敷铜"对话框。

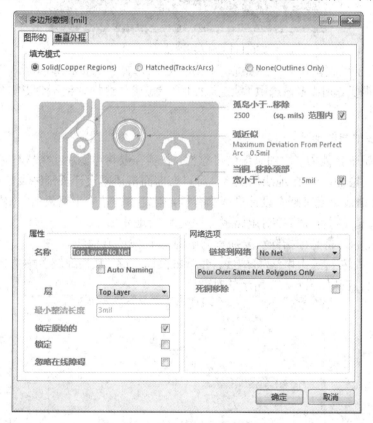

图 6-110　多边形平面属性对话框

此时在"链接到网络"下拉列表中选中"GND"，然后分别选中"Pour Over All Same Net Objects"(相同的网络连接一起)和"死铜移除"复选框，"层"选择"Top Layer"，其他设置项可以取默认值。

(3) 设置完对话框后单击"确定"按钮，光标变成十字状，将光标移到所需的位置，单击鼠标左键，确定多边形的起点。然后移动鼠标到合适位置单击鼠标左键，确定多边形的中间点。

(4) 在终点处单击鼠标右键，程序会自动将终点和起点连接在一起，并且去除死铜，完成电路板上敷铜，如图 6-111 所示。

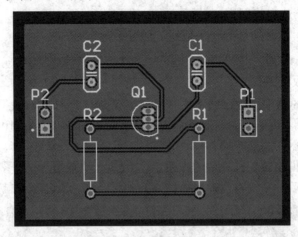

图 6-111　顶层敷铜后的 PCB 图

(5) 对底层的敷铜操作与上述类似，只是"层"选择"Bottom Layer"。

在进行敷铜操作时，应该选中"锁定原始的"复选框，这样敷铜不会影响到原来的 PCB 布线。

3. 电源/接地线的加宽

为了提高抗干扰能力，增加系统的可靠性，往往需要将电源/接地线和一些流过电流较大的线加宽。要增加电源/接地线的宽度，可以在前面讲述的设计规则中设定。设计规则中设置的电源/接地线宽度对整个设计过程均有效。但是当设计完电路板后，如果需要增加电源/接地线的宽度，则可以直接对电路板上的电源/接地线加宽。

(1) 移动光标，将光标指向需要加宽的电源/接地线或其他线。

(2) 使用鼠标左键选中电源/接地线，并单击鼠标右键，从快捷菜单中选择"Properties"命令，系统就会打开如图 6-112 所示的对话框。

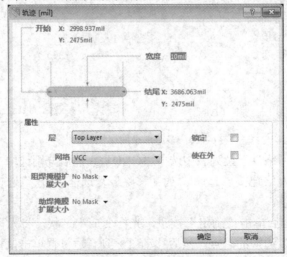

图 6-112　"轨迹"对话框

(3) 用户在对话框的"宽度"选项中输入实际需要的宽度值即可。电源/接地线被加宽后的结果如图 6-113 所示。如果要加宽其他线,也可按同样方法进行操作。当然也可以在布线之前,在布线规则里设置电源、地线、信号线的宽度。

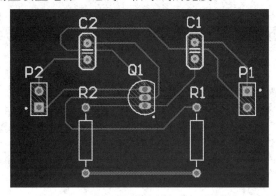

图 6-113　电源/接地线被加宽后的结果

4. 文字标注的调整

在经过手动布线调整后,有时元件的序号会变得很杂乱,所以经常需要对文字标注进行调整,使文字标注排列整齐,字体一致,从而使电路板更加美观。要调整文字标注,一般可以通过对元件进行流水号更新。

1) 手动更新流水号

(1) 移动光标,将光标指向需要调整的文字标注。

(2) 选中该文字标注,并单击鼠标右键,从快捷菜单中选择"Properties"命令,系统将会打开如图 6-114 所示的对话框。

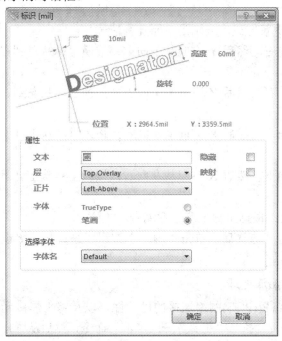

图 6-114　"标识"对话框

（3）此时用户可以修改流水号，也可根据需要，修改对话框中文字标注的内容、字体、大小、位置及放置方向等。

2）自动更新流水号

（1）执行"Tools"→"Re-Annotate"命令，系统将弹出如图 6-115 所示的对话框。

图 6-115　"根据位置反标"对话框

系统提供了五种更新方式，分别是下面几种情况。

①　X 方向从左向右，然后 Y 方向从下向上：按横坐标从左到右，然后按纵坐标从下到上编号。

②　X 方向从左向右，然后 Y 方向从上向下：按横坐标从左到右，然后按纵坐标从上到下编号。

③　Y 方向从下向上，然后 X 方向从左向右：按纵坐标从下到上，然后按横坐标从左到右编号。

④　Y 方向从上向下，然后 X 方向从左向右：按纵坐标从上到下，然后按横坐标从左到右编号。

⑤　根据位置命名：根据坐标位置进行编号。

（2）当完成上面方式选择后，单击"确定"按钮，系统将按照设定的方式对元件流水号重新编号。

5. 印刷电路板补泪滴处理

为了增强印刷电路板(PCB)网络连接的可靠性，以及将来焊接元件的可靠性，有必要对 PCB 实行补泪滴处理。执行"工具"→"滴泪"命令，然后从弹出的补泪滴属性对话框中选择需要补泪滴的对象(通常焊盘(Pad)有必要进行补泪滴处理)，选择泪滴的形状，并选择 Add 选项以实现向 PCB 添加泪滴，最后单击"确定"按钮即可完成补泪滴操作。

习　题

1. 简述元件封装的分类，并回答元件封装的含义。
2. 简述 PCB 设计的基本原则。
3. 创建一个 PCB 文件并更名为"MyPCB.PcbDoc"。
4. 简述一般情况下应如何设置 PCB 编辑器的参数。
5. 简述板层堆栈管理器的作用。
6. 绘制如图 6-116 所示的原理图，再设计 PCB 图。

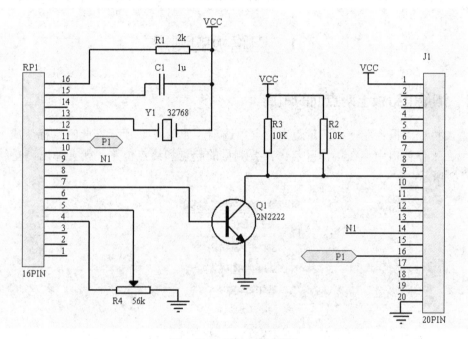

图 6-116　已知的原理图

第 7 章　印刷电路板的后期处理

完成 PCB 设计后，要通过设计规则检测来进一步确认 PCB 设计的正确性，通过报表来描述 PCB 设计的信息，通过这些信息可以判断合理性和正确性。Altium Designer 16 的 PCB 设计系统提供了生成各种报表的功能，可以为用户提供有关设计过程及设计内容的详细资料。此外，完成了电路板的设计后，需要打印输出图形，以汇总焊接元件和各种文件。

7.1　电路板的测量

7.1.1　测量电路板上两点间的距离

单击执行"报告"→"测量距离"菜单选项，如图 7-1 所示，此时鼠标变成十字形状出现在工作窗口中。在工作区点击需要测量的起点和终点位置，就会弹出测量结果，如图 7-2 所示。

图 7-1　报告子菜单

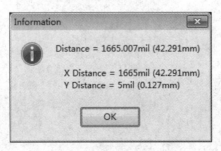

图 7-2　电路板上两点间的距离

7.1.2　测量电路板上对象间的距离

单击执行"报告"→"测量"菜单选项，此时鼠标变成十字形状出现在工作窗口中。移动鼠标到某个对象(如焊盘、元器件、导线、过孔等)上，单击鼠标左键确定测量的起点。弹出窗口如图 7-3 所示。

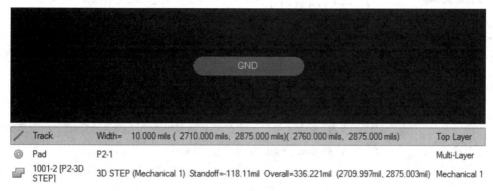

图 7-3　对象弹出信息

7.1.3　测量选择对象

先选中某些对象，单击执行"报告"→"测量选择对象"菜单选项，此时弹出如图 7-4 所示的信息。

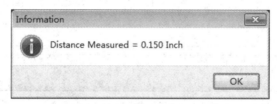

图 7-4　测量选择对象结果

7.2　DRC 功能

电路板设计完成之后，为了保证所进行的设计工作，如组件的布局、布线等符合所定义的设计规则，Altium Designer 16 提供了设计规则检测(DRC，Design Rule Check)功能，可对 PCB 的完整性进行检测。

7.2.1　PCB 图设计规则检测

设计规则检测可以测试各种违反走线规则的情况，如安全错误、未走线网络、宽度错误、长度错误、影响制造和信号完整性的错误。启动设置规则检测的方法是：选择"工具"→"设计规则检测"命令，将打开"设计规则检测"对话框，如图 7-5 所示。该对话框中左边是设计项，右边是具体的设计内容。

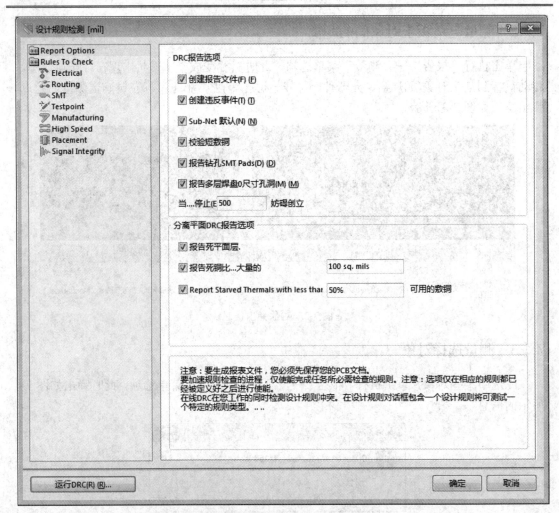

图 7-5　"设计规则检测"对话框

1. Report Options 标签页

该页设置生成的 DRC 报表将包括创建报告文件、创建违反事件和校验短敷铜等选项。"当...停止"选项用于限定违反规则的最高选项数，以便停止报表生成。系统默认所有的复选框都处于启用状态。

2. Rules To Check 标签页

该页列出了 8 项设计规则，如图 7-6 所示，分别是 "Electrical" (电气规则)、"Routing" (布线规则)、"SMT" (表贴式元件规则)、"Testpoint" (测试点规则)、"Manufacturing" (制板规则)、"High Speed" (高频电路规则)、"Placement" (布局规则)、"Signal Integrity" (信号完整性分析规则)。这些设计规则都是在 PCB 设计规则和约束对话框中定义的。选择对话框左边的各选择项，详细内容会在右边的窗口中显示出来，这些显示包括规则、种类等。"在线"列表示该规则是否在电路板设计的同时进行同步检测，即在线方法的检测。"批量"列表示在运行 DRC 时要进行检测的项目。

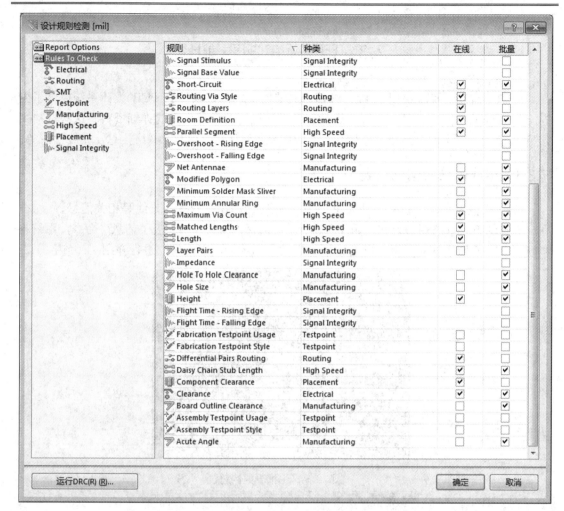

图 7-6　选择设计规则页

7.2.2　生成检测报告

对要进行检测的规则设置完成之后，分析器将生成 Filename.drc 文件。该文件详细列出了所设计的板图和所定义的规则之间的差异。设计者通过此文件，可以更深入了解所设计的 PCB 图。

在"设计规则检测"对话框中单击"运行 DRC"按钮，将进行规则检测。系统将打开"Messages"信息框，在这里列出了所有违反规则的信息项。其中包括所违反的设计规则的种类、所在文件、错误信息、序号等，如图 7-7 所示。

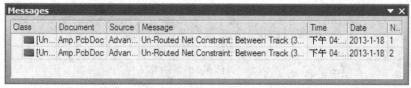

图 7-7　"Messages"信息框

7.3　电路板的报表输出

PCB 报表是了解印刷电路板详细信息的重要资料。该软件的 PCB 设计系统提供了生成各种报表的功能，它可以向用户提供有关设计过程及设计内容的详细资料。这些资料主要包括设计过程中的电路板状态信息、引脚信息、元件封装信息、网络信息及布线信息等。

7.3.1　生成电路板信息报表

电路板报表文件用于提供 PCB 的大小、元件、焊盘、导孔、走线等相关信息。

(1) 以第 6 章的图形为例，如图 7-8 所示，选择"报告"→"板子信息"命令，系统将打开如图 7-9 所示的对话框。此对话框包括三个选项卡，下面依次进行介绍。

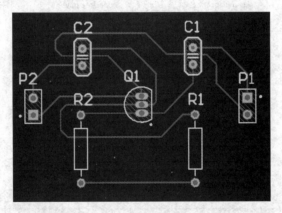

图 7-8　产生报表的例题

图 7-9　"PCB 信息"对话框

① "通用"选项卡：显示了 PCB 文件的主要电气信息。

a. "原始的"区域：显示了电气对象的数目，主要有圆弧、填充、焊盘、串、线、过孔、多边形、并列的、尺寸等。

b. "板尺寸"区域：以图示的形式显示电路板的尺寸。

c. "别的"区域：显示焊盘和过孔总数及 DRC 冲突数。

② "器件"选项卡：显示了当前 PCB 中的所有元件信息，并将各种元件按所在层的不同来分类，给出了各层的元件数目和元件名称，如图 7-10 所示。

③ "网络"选项卡：显示了当前 PCB 文件的网络名称，并将这些网络名称按所在层的不同来分类，如图 7-11 所示。

图 7-10　"器件"选项卡

图 7-11　"网络"选项卡

(2) 在任何一个选项卡中单击"报告"按钮，将电路板信息生成相应的报表文件。单击该按钮后将打开"板报告"对话框，其中列出了所有需要生成文字报表的电路板信息选项，如图 7-12 所示。

图 7-12　"板报告"对话框

(3) 选择"板报告"对话框中的报告条款复选框，也可以单击"所有的打开"按钮启用所有复选框。设置完成后，单击该对话框中的"报告"按钮，系统将以网页的形式在当前窗口显示板报告信息。

7.3.2 生成元器件报表

利用元器件报表功能可以整理一个电路或一个项目中的元件，形成一个元件列表，以供用户查询和购买元器件。

以第 6 章的图形为例，如图 7-8 所示，选择"报告"→"Bill of Materials"命令，系统将打开如图 7-13 所示的对话框。

单击图 7-13 中的"菜单"按钮，将打开下拉菜单，在该菜单中可以选择各种输出方式，用户可以获得不同的输出列表。

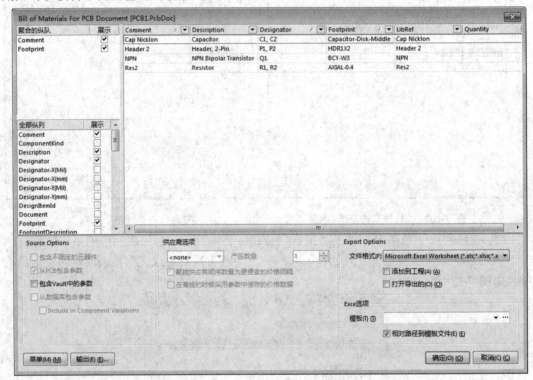

图 7-13   "Bill of Materials For PCB Document" 对话框

7.4   PCB 文件输出

完成了 PCB 图的设计后，需要将 PCB 图输出以生成印刷板和焊接元器件。这就需要首先设置打印机的类型、纸张的大小和电路图的设定等，然后进行后续的打印输出。

(1) 激活 PCB 图为当前文档，然后执行"文件"→"页面设计"命令，将打开"Composite Properties"对话框，如图 7-14 所示。可以在该对话框中指定页面方向(纵向或横向)和页边距，还可以指定纸张大小和来源，或者改变打印机属性。

(2) 在"打印纸"选项区域中，单击"尺寸"列表框，在出现的下拉列表中选择打印纸张的尺寸，如图 7-15 所示。"肖像图"和"风景图"单选按钮用来设置纸张的打印方式是垂直还是水平。

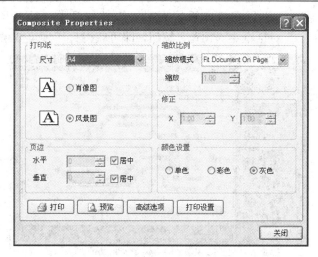

图 7-14　"Composite Properties"对话框

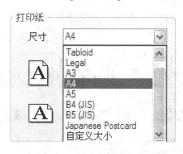

图 7-15　打印纸张的尺寸

（3）单击"Composite Properties"对话框中的"高级选项"按钮，将打开"PCB Printout
Properties"对话框，如图 7-16 所示。在该对话框中可设置要输出的工作层面的类型。设置
好输出层面后，单击"OK"按钮确认操作。

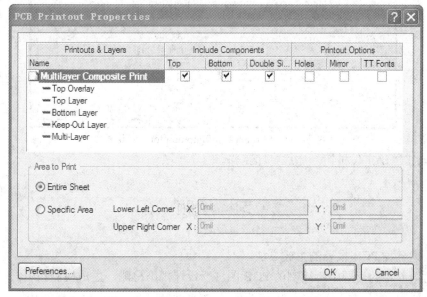

图 7-16　"PCB Printout Properties"对话框

(4) 在进行上述页面设置和打印设置后，可以首先预览一下打印时的效果。单击"Composite Properties"对话框中"预览"按钮，即可获得打印预览效果，如图 7-17 所示。

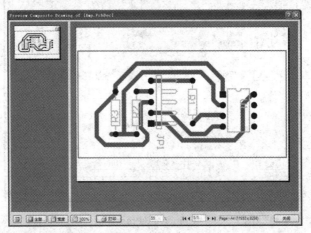

图 7-17　打印预览

(5) 单击"预览"窗口中的"打印"按钮，或单击"Composite Properties"对话框中的"打印"按钮，都将打开"Printer Configuration for"对话框，如图 7-18 所示。

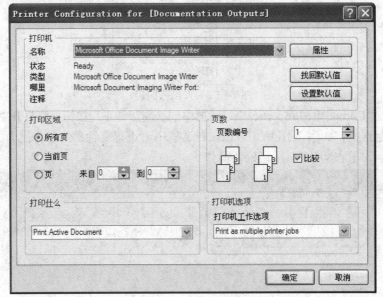

图 7-18　"Printer Configuration for"对话框

(6) 点击"确定"按钮，完成打印工作。

习　　题

1. 概述各种 PCB 报表的生成方法。
2. 对第 6 章的习题中所绘制的 PCB 图进行设计规则检测，生成检测报告。

第8章   元件封装库的创建与管理

虽然 Altium Designer 提供了大量丰富的元件封装库，但是在实际绘制 PCB 文件的过程中还是会经常遇到所需元件封装在 Altium Designer 提供的封装库中找不到的情况。这时设计人员就需要自己设计元件封装，根据元件实际的引脚排列、外形、尺寸大小等创建元件封装。

8.1   元件封装库编辑器

在制作元件封装之前，首先需要启动元件封装编辑器。启动步骤如下：

(1) 执行菜单命令"文件"→"新建"→"库"→"PCB 元件库"，如图 8-1 所示，即可启动元件封装编辑器，如图 8-2 所示。

(2) 保存元件封装库，元件封装库文件的后缀名为.PcbLib，系统默认的文件名为 PcbLib1.PcbLib，保存时可以重命名后再保存。

图 8-1   添加 PCB 库

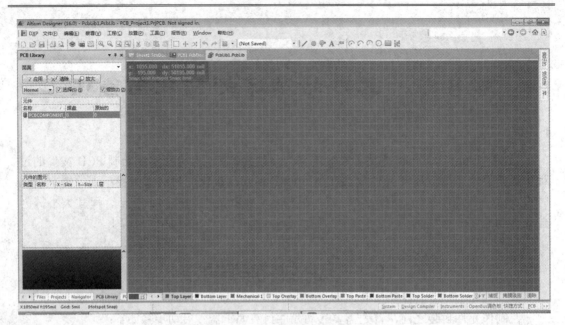

图 8-2　元件封装编辑器界面

8.2　手工创建元件封装

元件封装由焊盘和图形两部分组成，这里以图 8-3 所示的元件封装为例介绍手工创建元件封装的方法。

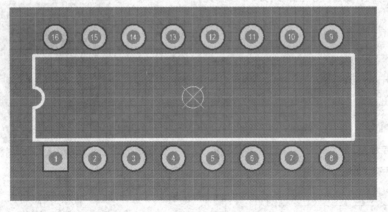

图 8-3　手工创建元件封装实例

1. 新建元件封装

在 PCB Library 面板(见图 8-4)中的"元件"列表框内单击鼠标右键。在弹出的快捷菜单中选择"新建空白元件"，如图 8-5 所示，即可新建一个空的元件封装。在"元件"列表框中双击该新建元件，系统弹出如图 8-6 所示的"PCB 库元件"对话框，用户可以修改元件的名称、高度、描述和 Type 等信息，在此输入封装名称"DIP-16"。

图 8-4　元件列表框

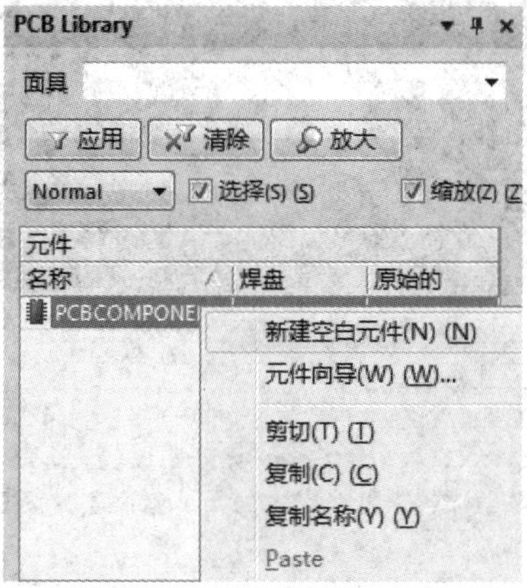

图 8-5　选择"新建空白元件"

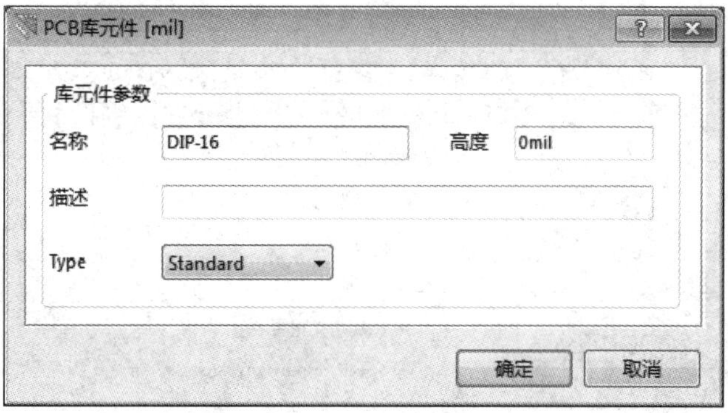

图 8-6　"PCB 库元件"对话框

2. 放置焊盘

在绘图区一次放置元件的焊盘，这里共有 16 个焊盘需要放置。根据元件引脚之间的实际间距将其水平距离设定为 100 mil，垂直距离设定为 300 mil，1 号焊盘放置于(−350，−150)点，并相应放置其他焊盘，如图 8-7 所示。

双击焊盘，弹出"焊盘"对话框，如图 8-8 所示。在该对话框中可以设置焊盘的位置、孔洞信息、属性、尺寸和外形等信息。

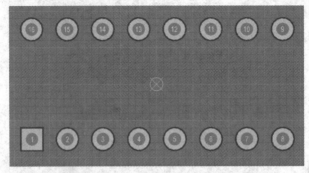

图 8-7　在工作区放置焊盘

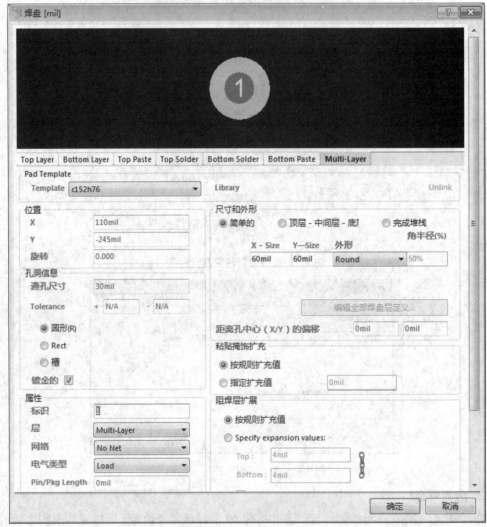

图 8-8　"焊盘"对话框

3. 绘制直线

切换到"Top Overlayer"层，执行"放置"→"走线"命令，或者点击 PCB 库放置工具条上的 ╱ ，光标变成十字状，将光标移动到适当的位置后，单击鼠标左键确定元件封装外形轮廓线的起点，随后绘制元件的外形轮廓，左下角的坐标为(-390，-104)，右上角的坐标为(390，104)，如图 8-9 所示。左端开口的坐标分别为(-390，-25)和(-390，25)。这些线条的精确坐标可以在绘制了线条后再设置。

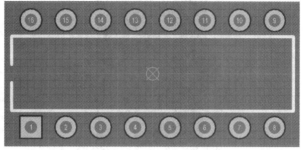

图 8-9　绘制外轮廓后的图形

4. 绘制圆弧

执行菜单命令"放置"→"圆弧"，在外形轮廓线上绘制圆弧，圆弧的参数为半径 25 mil，圆心位置为(-390，0)，起始角为 270°，终止角为 90°。执行命令后，光标变成十字状，将光标移动到合适的位置后，先单击鼠标左键确定圆弧的中心，然后移动鼠标并单击左键确定圆弧的半径，最后确定圆弧的起点和终点。这段圆弧的精确坐标和尺寸可以在绘制了圆弧后再设置，绘制完的图形如图 8-10 所示。

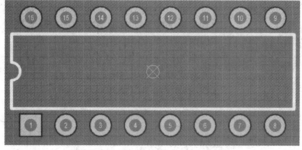

图 8-10　绘制元件的外形轮廓

5. 保存

绘制元件封装后，点击"文件"→"保存"，或者直接点击标准工具条上的 📒 图标，完成保存工作。

8.3　使用向导创建元件封装

Altium Designer 提供的元件封装向导允许用户预先定义设计规则，在这些设计规则定义结束后，元件封装编辑器会自动生成相应的新元件封装。

下面以图 8-11 所示的实例来介绍利用向导创建元件封装的基本步骤。

(1) 启动并进入元件封装编辑器。

(2) 执行"工具"→"元器件向导"命令。

(3) 执行该命令后，系统会弹出如图 8-12 所示的界面，这样就进入了元件封装创建向导，接下来可以选择封装形式，并定义设计规则。之后单击"下一步"按钮。

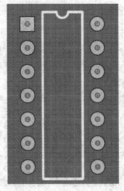

图 8-11　利用向导创建元件封装的实例

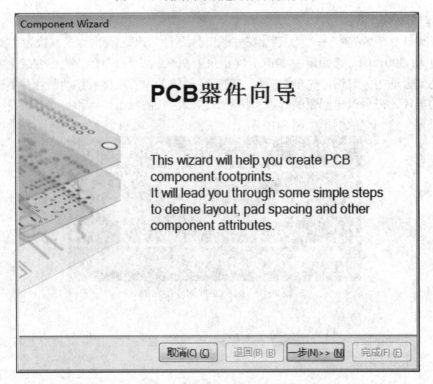

图 8-12　元件封装向导界面

(4) 系统弹出选择元件封装外形对话框，如图 8-13 所示。在此对话框中，可以设置元件的外形。Altium Designer 提供了 12 种元件封装的外形供用户选择，其中包括 Ball Grid Arrays(BGA)(球栅阵列封装)、Capacitors(电容封装)、Diodes(二极管封装)、Dual In-line Packages(DIP 双列直插封装)、Edge Connectors(边连接样式)、Leadless Chip Carriers(LCC)(无引线芯片载体封装)、Pin Grid Arrays(PGA)(引脚网格阵列封装)、Quad Packs(QUAD)(四边引出扁平封装 PQFP)、Small Outline Packages(小尺寸封装 SOP)、Resistors(电阻样式)等。

　　根据本实例要求，选择 DIP 双列直插封装外形。另外在对话框的下面还可以选择元件封装的度量单位，有 Metric(公制)和 Imperial(英制)。之后单击"下一步"按钮。

图 8-13　选择元件封装外形

（5）系统弹出设置焊盘尺寸对话框，如图 8-14 所示。在此对话框中，可以设置焊盘的有关尺寸。用户只需在需要修改的位置单击鼠标左键，然后输入尺寸即可。之后单击"下一步"按钮。

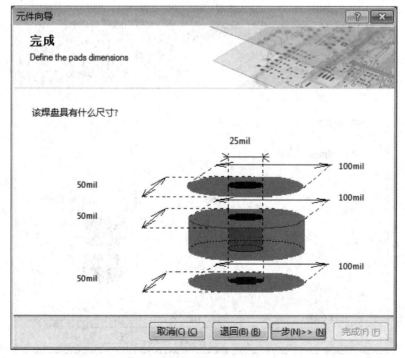

图 8-14　设置焊盘尺寸

(6) 系统弹出设置引脚的间距和尺寸对话框，如图 8-15 所示。在该对话框中，可以设置引脚的水平间距、垂直间距和尺寸。之后单击"下一步"按钮。

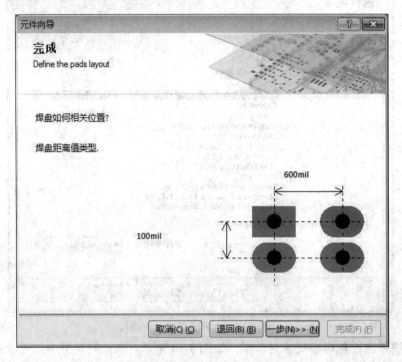

图 8-15　设置引脚的间距和尺寸

(7) 系统弹出设置元件的轮廓线宽对话框，如图 8-16 所示。在该对话框中，可以设置元件的轮廓线宽。之后单击"下一步"按钮。

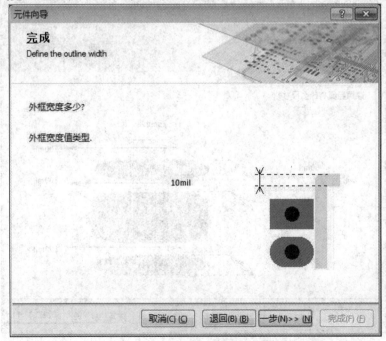

图 8-16　设置元件的轮廓线宽

(8) 系统弹出设置元件引脚数量对话框，如图 8-17 所示。在该对话框中，可以设置元件引脚数量。用户只需在对话框中的指定位置输入元件引脚数量即可。之后单击"下一步"按钮。

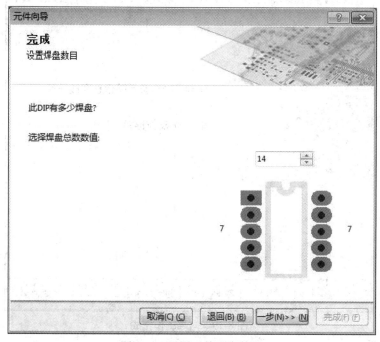

图 8-17　设置元件引脚数量

(9) 系统弹出设置元件封装名称对话框，如图 8-18 所示。在该对话框中，可以设置元件封装的名称。之后单击"下一步"按钮。

图 8-18　设置元件封装名称

(10) 系统弹出完成对话框，如图 8-19 所示。单击"完成"按钮，即完成了对新元件封装设计规则的定义，同时按设计规则生成了新的元件封装。

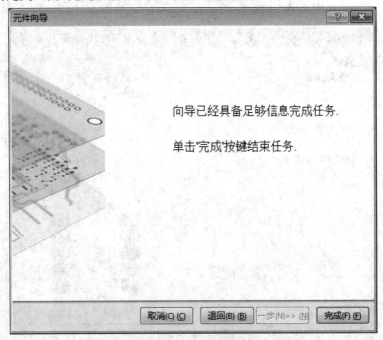

图 8-19　向导制作完成

8.4　元件封装管理

当创建了新的元件封装后，可以使用元件封装管理器进行管理，具体包括元件封装的浏览、添加、删除等操作，下面进行具体讲解。

8.4.1　浏览元件封装

当用户创建元件封装时，可以单击项目管理器下面的"PCB Library"标签，进入元件管理器。图 8-20 所示为元件封装浏览管理器。

(1) 在 PCB 浏览管理器中，"面具"框用于过滤当前 PCB 元件封装库中的元件，满足过滤框中条件的所有元件将会显示在元件列表框中。例如，在"面具"框中输入 D*，则在元件列表框中将会显示所有以 D 开头的元件封装。单击"放大"按钮可以局部放大元件封装的细节。

(2) 元件列表框中显示的是封装的名称、焊盘数等信息。

(3) 元件的图元列表框中显示的是封装的具体信息。

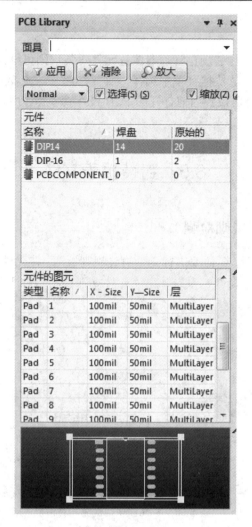

图 8-20　元件封装浏览管理器

8.4.2　删除元件封装

如果用户想从元件库中删除一个元件封装，则可以先选中需要删除的元件封装，然后单击鼠标右键，从快捷菜单中选择"删除"命令，或者直接执行"工具"→"移除器件"命令，系统将会弹出如图 8-21 所示的提示框。如果用户单击"Yes"按钮，则会执行删除操作；如果单击"No"按钮，则取消删除操作。

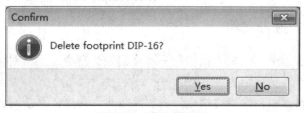

图 8-21　确认对话框

8.4.3 放置元件封装

如果用户想通过元件封装浏览管理器放置元件封装，则可以先选中需要放置的元件封装，然后单击鼠标右键，从快捷菜单中选择"放置"命令，或者直接执行"工具"→"放置器件"命令，系统将会切换到当前打开的 PCB 设计管理器，用户可以将该元件封装放置在合适位置。

8.5 封装报表文件

8.5.1 设置元件封装规则检测

元件封装绘制好以后，还需要进行元件封装规则检测。在元件封装编辑器中，选择"报告"→"元件规则检测"命令，系统弹出"元件规则检测"对话框，如图 8-22 所示。

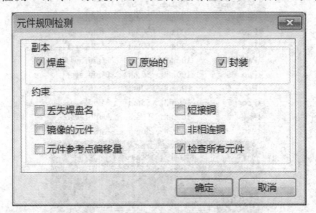

图 8-22 "元件规则检测"对话框

在"元件规则检测"对话框的"副本"栏中设置需要进行重复性检测的工程，检测内容包括重复的焊盘、元件的封装。在"约束"栏设置其他约束条件，一般应选中"丢失焊盘名"复选框和"检查所有元件"复选框。

8.5.2 创建元件封装报表文件

在元件封装编辑器中，选择"报告"→"器件"命令，系统对当前被选中元件生成元件封装报表文件，扩展名为 .CMP。

8.5.3 封装库文件报表文件

在元件封装编辑器中，选择"报告"→"库列表"命令，系统对当前元件封装库生成元件封装库列表文件，扩展名为 .REP。

在元件封装编辑器中，选择"报告"→"库报告"命令，系统对当前元件封装库生成元件封装库报告文件。

习　　题

1. 新建一个封装库并使用向导创建如下封装。

(1) 创建一个名为 DIP30 的双列直插式元件的封装，具体参数要求如下：

① 焊盘为圆形，孔内径为 28 mil，外径为 58 mil。

② 两排焊盘之间的距离为 800 mil，相邻焊盘之间的距离为 120 mil。

③ 元器件封装轮廓线宽度为 8 mil。

④ 焊盘的总数为 30。

(2) 创建一个名为 DIP42 的双列直插式元件的封装，具体参数要求如下：

① 焊盘为圆形，孔内径为 26 mil，外径为 55 mil。

② 两排焊盘之间的距离为 580 mil，相邻焊盘之间的距离为 120 mil。

③ 元器件封装轮廓线宽度为 12 mil。

④ 焊盘的总数为 42。

(3) 创建有针插式极性电容的封装，名称为 RB.2/.8。

① 焊盘为圆形，孔内径为 27 mil，外径为 54 mil。

② 如图 8-23 所示，焊盘之间的距离为 200 mil。

③ 轮廓的外直径为 800 mil。

④ 元器件封装轮廓线宽度为 8 mil。

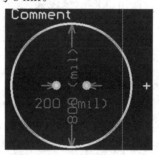

图 8-23　极性电容的封装

2. 手动绘制封装

手动绘制如图 8-24 所示的封装，其名称为 "JIDIANQI"。

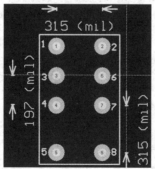

图 8-24　继电器的封装

第 9 章　印刷电路板的制作

作为电子产品设计师，除熟练绘制原理图、按照产品要求设计 PCB 以外，还需要承担样机制作、调试。前面各章已介绍了印刷电路板的设计方法、设计工艺、报表形成和图纸打印等知识，本章将学习印刷电路板的制作过程。

9.1　原 稿 制 作

把设计好的电路图用激光(喷墨)打印机以透明的菲林或半透明的硫酸纸打印出来。

(1) 未曝光部分会被显影剂除去从而露出铜面，而已曝光部分则会被固化。所以打印原稿时应选择负片打印，即线路要保留线条的地方是透明的，需要除去铜层的地方是不透明的(专业线路板厂生产胶片也是如此)。一般使用单面感光板，打印 Bottom Layer/Bottom Solder 等层不需要镜像打印。这里需要仔细考虑哪些层需要镜像输出，哪些层不用，不要等蚀刻、钻孔完成后，才发现电路印反了。

(2) 线路部分如有透光破洞，请以油性黑笔修补。

(3) 稿面需保持清洁无污物。

9.2　曝 光

去掉感光板的外包装，将打印好的胶片的打印面(碳粉面/墨水面)贴在蓝色感光膜面上，再以两块擦洗干净的玻璃一上一下紧压原稿及感光板，越紧密解析度越好。玻璃板四周以夹子固定好，防止搬动、翻面时感光板与胶片发生移位。此过程可以在一般室内环境光线条件下进行，不用担心室内环境光线会造成感光板曝光。

合适的曝光时间与底片打印质量和感光板存放时间有关，上述时间为参考值，建议实际制作时先用小块边角试曝，以确定准确的曝光时间。

1. 单面板

我们实验室使用 STR-FII 环保型快速制板系统可制作单面或双面线路板，其曝光工艺操作简便，而且曝光时间极短，可在 60～90 s 之内完成全部曝光工作。STR-FII 环保型快速制板系统主机如图 9-1 所示。

1) 放置光印板

将光印板置于真空夹的玻璃上并与吸气口保持 10 cm 以上的距离，然后在光印板上放置图稿，图稿正面贴于光印板之上，如图 9-2 所示。

图 9-1　STR-FII 环保型快速制板系统主机　　　　图 9-2　放置光印板

2) 设置参数

曝光时间：(以 STR 光印板为准)，硫酸纸图稿为 60～90 s，普通 A4 复印纸图稿为 150～190 s，如果线路不够黑，请勿延长时间以免线路部分渗光，建议用两张图稿对正贴合以增加黑度。光印板的曝光时间为 170～200 s。图 9-3 所示为参数设置区。

3) 取出光印板

曝光好后，将真空扣往外扳并轻轻往上推，如图 9-4 所示。

图 9-3　参数设置区　　　　　　　　图 9-4　取出光印板

2. 双面板

平常用 STR-FII 环保型快速制板系统主要制作单面板的电路板，如果需要制作双面板，则可以采用以下两种方法：

(1) 将原稿双面对正，胶纸固定，与未撕保护膜的感光板对好且固定，用 1.0 mm 小钻头对角钻定位孔。最后在两根小钻头的帮助下对准位置，用胶纸固定后即可分别曝光。

(2) 原稿双面对正，两边用胶纸固定，再插入感光板。以双面胶纸将原稿与感光板粘贴固定，即可曝光。

9.3　显　　影

1. 调制显像剂

1 包 20 g 的显影剂配 2000 mL 水，可显影约 8 片 10 cm×15 cm 的单面感光板(矿泉水瓶上面一般标有容量，可参照，调显像剂请用塑料盆，不能用金属盆)。显影液无毒无害，可以接触。

2. 显像

膜面朝上将感光板(双面板宜悬空)置于显影液中，如图 9-5 所示，以毛刷刷洗板面，直到需蚀刻部分露出光亮铜箔，轮廓清晰即显像完成。显影时显影液温度控制在 33～

37℃。正常曝光的感光板，膜面有较强的附着力，能耐一般刮擦，但操作时也不要用金属物刮擦。

图 9-5　显影

3. 水洗

用清水冲洗电路板。

4. 干燥及检查

为了确保膜面无任何损伤，最好能进行干燥并检查。

9.4　蚀　　刻

三氯化铁蚀刻液具有一定的腐蚀性，使用中需注意不要沾到皮肤上。如不慎入眼，请立即用大量清水冲洗并迅速就医。一般 500 g 的三氯化铁约调配 1000~1200 mL 的水。尽量用热水化开，可以避免把细线条蚀刻断。

1. 蚀刻

将电路板放进蚀刻液中，如图 9-6 所示，蚀刻时间约为 5~15 min，蚀刻时轻轻搅拌蚀刻液。也可以用毛刷或棉签等，边蚀刻边轻刷铜面，可加快蚀刻速度并使线条边缘锋利。一般的擦拭不会破坏膜层的完整性。

图 9-6　蚀刻电路板

2. 水洗

蚀刻完成后，将板从三氯化铁溶液中取出，使用清水将板两面冲洗干净。

3. 干燥

利用吹风机吹干，短路处请用小刀刮净，断线处用油性笔等修补。

9.5　制　作　实　例

9.5.1　延时照明开关

图 9-7 所示是延时照明开关的电路原理图。该电路在电源被接通、电灯点亮后延时一段时间，自动切断电源，熄灭电灯。

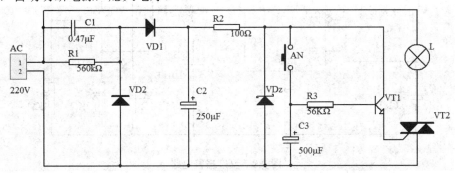

图 9-7　延时照明开关

9.5.2　光控小夜灯

图 9-8 所示是光控小夜灯的电路原理图。该电路在电源被接通后由于光敏电阻的作用，灯亮或者熄灭。外面光亮，灯光熄灭；黑夜降临，灯光渐亮。

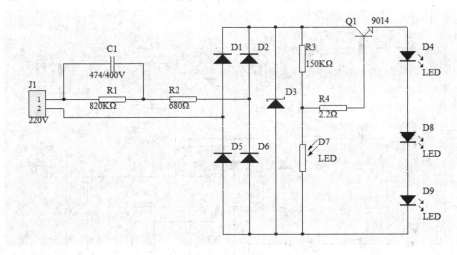

图 9-8　光控小夜灯

9.5.3　温度报警电路

图 9-9 所示是温度报警电路。555 定时器组成音频振荡器，三极管 V_T 组成温度控制电路。在正常温度下，三极管 V_T 的基极电位大于发射极电位，处于截止状态，集电极输出低电平，

使 555 定时器的直接置 0 端 RD 为低电平，多谐振荡器停止振荡，扬声器不发出声响。

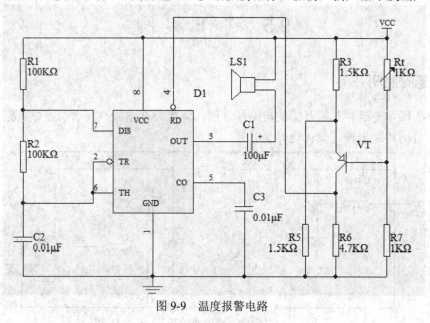

图 9-9　温度报警电路

9.5.4　基于 CD4017 的三相交流电相序指示器

图 9-10 所示是基于 CD4017 的三相交流电相序指示器。该电路由稳压电路、计数分配器 LED 驱动电路组成。图中采用 LED 发光二极管指示三相交流电的相序是否正确。当发光二极管 LED 闪亮(其闪烁频率约为 100 kHz)时，说明相序排列正确；当 LED 不亮时，说明相序错误。

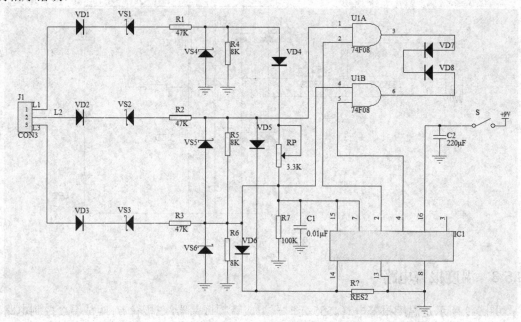

图 9-10　基于 CD4017 的三相交流电相序指示器电路

9.5.5　基于 NE555 的小型燃油发电机组自动控制器

图 9-11 所示是基于 NE555 的小型燃油发电机组自动控制器。该电路由启动脉冲发生器控制电路、计数器控制电路、声光报警电路和供电切换电路组成。该控制器能在市电停电后自动启动发电机组进行发电；当市电恢复供电后，又能使发电机组自动为市电供电。

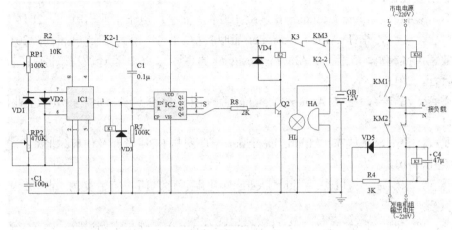

图 9-11　基于 NE555 的小型燃油发电机组自动控制器

9.5.6　基于 ISD1420 的袖珍固体录音控制器

图 9-12 所示是基于 ISD1420 的袖珍固体录音控制器。该电路由电源电路和录放电路组成。其中，电源电路由外接 +5 V 直流电源供电；录放电路由单片 20 s 语音录放集成电路 ISD1420 及电平触发放音按键 SB1、边沿触发放音按键 SB2、录音按键 SB3、录音指示发光二极管 LED、扬声器 LS1 及驻极体电容话筒 MK1 等外围元件组成。通过控制按键 SB1、SB2、SB3 可使控制器工作于录音和放音工作模式。

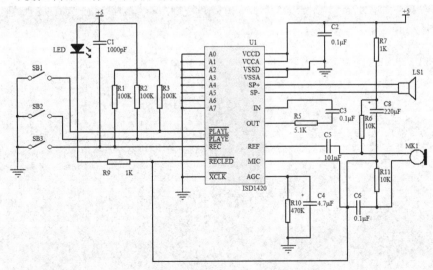

图 9-12　基于 ISD1420 的袖珍固体录音控制器

参 考 文 献

[1]　谷树忠，倪虹霞，张磊.Altium Designer 教程：原理图、PCB 设计与仿真. 北京：电子工业出版社，2014.

[2]　宋新，袁啸林.Altium Designer10 实战 100 例. 北京：电子工业出版社，2014.

[3]　谷树忠，姜航，李钰.Altium Designer 简明教程. 北京：电子工业出版社，2014.

[4]　高敬鹏，武超群，王臣业. Altium Designer 原理图与 PCB 设计教程. 北京：机械工业出版社，2013.

[5]　穆秀春，冯新宇，王宇.Altium Designer 原理图与 PCB 设计. 北京：电子工业出版社，2011.

[6]　谢龙权，鲁力，张桂东. Altium Designer 原理图与 PCB 设计及仿真. 北京：电子工业出版社，2012.

[7]　穆秀春，宋婀娜，房俊杰.Altium Designer 电路设计入门与应用实例. 北京：电子工业出版社，2012.

[8]　张睿，刘志刚，张福江. Altium Designer Summer09 基础与实例进阶. 北京：清华大学出版社，2012.

[9]　陈学平，谢俐.Altium Designer9.0 电路设计与制作. 北京：电子工业出版社，2013.

[10]　周中孝，黄文涛，刘浚.PADS&Altium Designer 实战教程. 北京：电子工业出版社，2014.

[11]　白炽贵，高兰恩.Altium Designer14 基础与实训. 北京：电子工业出版社，2015.

[12]　陈学平.Altium Designer Summer09 电路设计与制作. 北京：电子工业出版社，2012.

[13]　陈光绒.PCB 板设计与制作. 北京：高等教育出版社，2013.